"好 程 序 员 成 长" 丛 书

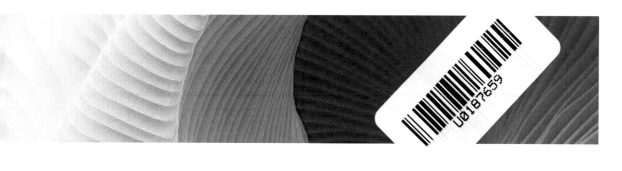

Photoshop
项目案例实战入门

微课视频版

◎ 千锋教育 / 编著

清華大學出版社
北京

内 容 简 介

Photoshop 作为全球第一大图像处理软件,不仅拥有绝大部分的市场占有率,而且存在大量的潜在客户。对于初学者而言,一本简单易懂、重点突出的教材至关重要。本书摒弃了传统的纯理论、纯文字的教学方式,采用理论联系实际、图文并茂的教学模式,让读者沉浸在制图、修图的乐趣中,从而更容易掌握 Photoshop 的基本功能。本书共 11 章,从图像基础入手,学习各种操作工具,理解各种图层样式的特点,掌握图层修复技巧和蒙版、滤镜的使用,学习批量操作的方法。书中所有重要知识点都结合操作案例,并细化操作步骤,帮助初学者理解相关功能的使用。初学者通过研读本书,能够学会 Photoshop 的基础操作,并在此基础上,掌握中高级修图、制图技能,具备运用 Photoshop 制作精美图片的能力,为进一步学习奠定扎实的基础。

本书适合初学者和中等水平的平面设计人员,同样适用于高等学校及培训学校的教师和学生,是掌握 Photoshop 图像处理的优秀工具书。

本书封面贴有清华大学出版社防伪标签,无标签者不得销售。

版权所有,侵权必究。举报:010-62782989,beiqinquan@tup.tsinghua.edu.cn。

图书在版编目(CIP)数据

Photoshop 项目案例实战入门:微课视频版/千锋教育编著.—北京:清华大学出版社,2023.7
("好程序员成长"丛书)
ISBN 978-7-302-63399-0

Ⅰ. ①P… Ⅱ. ①千… Ⅲ. ①图像处理软件 Ⅳ. ①TP391.413

中国国家版本馆 CIP 数据核字(2023)第 066893 号

责任编辑:陈景辉 张爱华
封面设计:吕春林
责任校对:郝美丽
责任印制:曹婉颖

出版发行:清华大学出版社
网　　　址:http://www.tup.com.cn,http://www.wqbook.com
地　　　址:北京清华大学学研大厦 A 座　　　　　　　邮　　编:100084
社 总 机:010-83470000　　　　　　　　　　　　　　邮　　购:010-62786544
投稿与读者服务:010-62776969,c-service@tup.tsinghua.edu.cn
质量反馈:010-62772015,zhiliang@tup.tsinghua.edu.cn
课件下载:http://www.tup.com.cn,010-83470236
印 装 者:三河市天利华印刷装订有限公司
经　　　销:全国新华书店
开　　　本:185mm×260mm　　　印　　张:14.5　　　　字　　数:353 千字
版　　　次:2023 年 9 月第 1 版　　　　　　　　　　　印　　次:2023 年 9 月第 1 次印刷
印　　　数:1~2000
定　　　价:89.90 元

产品编号:100416-01

北京千锋互联科技有限公司(以下简称"千锋教育")成立于 2011 年 1 月,立足于职业教育培训领域,公司现有教育培训、高校服务、企业服务三大业务板块。教育培训业务分为大学生技能培训和职后技能培训;高校服务业务主要提供校企合作全解决方案与定制服务;企业服务业务主要为企业提供专业化综合服务。公司总部位于北京,目前已在 18 个城市成立分公司,现有教研讲师团队 300 余人。公司目前已与国内 2 万余家 IT 相关企业建立人才输送合作关系,每年培养"泛 IT"人才近 2 万人,10 年间累计培养"泛 IT"人才 10 余万人,累计向互联网输出免费学习视频 850 套以上,累计播放超过 9500 万次。每年有数百万名学员接受千锋教育组织的技术研讨会、技术培训课、网络公开课及免费学科视频等服务。

千锋教育自成立以来一直秉承初心至善、匠心育人的工匠精神,打造学科课程体系和课程内容,高教产品部认真研读国家教育政策,在"三教改革"和公司的战略指导下,集公司优质资源编写高校教材,目前已经出版新一代 IT 技术教材 50 余种,积极参与高校的专业共建、课程改革项目,将优质资源输送到高校。

高校服务

"锋云智慧"教辅平台(www.fengyunedu.cn)是千锋教育专为中国高校打造的智慧学习云平台依托千锋先进的教学资源与服务团队,可为高校师生提供全方位教辅服务,助力学科和专业建设。平台包括视频教程、原创教材、教辅平台、精品课、锋云录等专题栏目,为高校输送教材配套的课程视频、教学素材、教学案例、考试系统等教学辅助资源和工具,并为教师提供其他增值服务。

"锋云智慧"服务 QQ 群

读者服务

学 IT 有疑问,就找"千问千知",这是一个有问必答的 IT 社区,平台上的专业答疑辅导老师承诺在工作时间 3 小时内答复您学习 IT 时遇到的专业问题。读者也可以通过扫描下方的二维码,关注"千问千知"微信公众号,浏览其他学习者分享的问题和收获。

"千问千知"微信公众号

资源获取

本书配套资源可添加小千的 QQ2133320438 或扫下方二维码获取。

小千的 QQ

前　言

党的二十大报告中指出：教育、科技、人才是全面建设社会主义现代化国家的基础性、战略性支撑。必须坚持科技是第一生产力、人才是第一资源、创新是第一动力,深入实施科教兴国战略、人才强国战略、创新驱动发展战略,这三大战略共同服务于创新型国家的建设。高等教育与经济社会发展紧密相连,对促进就业创业、助力经济社会发展、增进人民福祉具有重要意义。

如今,广告宣传对企业主体及个人越来越重要,图文或视频成为广告宣传的主要手段。平面设计师不仅要具备专业技术能力、业务实践能力,还需要培养健全的职业素质,复合型技术技能人才更受企业青睐。高校毕业生求职面临的第一道门槛就是技能与经验,教科书也应紧随新一代信息技术和新职业要求的变化及时更新。

Photoshop 作为图像处理中最专业的软件之一,几乎成为职场人必须掌握的软件。使用 Photoshop 不仅可以实现图像的修复、美化,还可以完成广告宣传创意的制作。本书尽可能地从初学者的角度出发构建知识体系,通过通俗易懂的语言和工作中的实际案例,逐步培养读者的软件操作能力和审美水平。

本书主要内容

通过本书将学习到以下内容。

第 1 章主要介绍图像基础知识、Photoshop 的应用领域和 Photoshop 的工作界面。

第 2 章主要介绍 Photoshop 中图层的基础知识和相关操作。

第 3 章主要介绍图像操作的相关知识,包括裁剪图像、变换与变形、撤销操作与辅助工具。

第 4 章主要介绍选区的概念、选区工具,以及选区的相关操作。

第 5 章主要介绍 Photoshop 中前景色和背景色的设置和运用,详细介绍画笔工具、渐变工具和橡皮擦工具的使用方法。

第 6 章主要介绍图像处理和色彩调整的方法。

第 7 章主要介绍 Photoshop 中文字的相关知识,包括文字的分类、文字属性设置、编辑文字的方法等。

第 8 章主要介绍钢笔工具组与形状工具组,以及路径与形状编辑工具的使用。

第 9 章主要介绍图层样式与图层混合模式。

第 10 章主要介绍蒙版与通道的应用。

第 11 章主要介绍 Photoshop 中各种滤镜的作用,详细介绍自动化操作的使用方法。

通过本书的系统学习,读者能够掌握 Photoshop 中各种工具、命令的使用,并通过书中丰富的案例操作,熟悉整个图像的制作流程,为后续的深入学习奠定基础。

本书特色

（1）风格简明，趣味性强。本书以启发式、引导式的快乐学习风格讲解知识点和完成项目案例，在语言上力求专业、准确、通俗易懂、风趣幽默。

（2）重点突出，案例实用。本书针对重要知识点，精选丰富的企业级项目案例，将理论与技能深度融合，促进隐性知识与显性知识的转化，为高质量就业赋能。

（3）结构合理，循序渐进。本书循序渐进、由浅入深地全面精讲知识点，结构安排合理，避免使用枯燥的专业术语，降低初学者入门的门槛。

配套资源

为便于教与学，本书配有微课视频、教学课件、教学大纲、教学设计、案例素材。

（1）获取微课视频方式：先刮开并用手机版微信 App 扫描本书封底的文泉云盘防盗码，授权后再扫描书中相应的视频二维码，观看教学视频。

（2）获取案例素材方式：先刮开并用手机版微信 App 扫描本书封底的文泉云盘防盗码，授权后再扫描下方二维码，即可获取。

案例素材

（3）其他配套资源可以扫描本书封底的"书圈"二维码，关注后回复本书书号，即可下载。

读者对象

本书适合初学者和中等水平的平面设计人员，同样适用于高等学校及培训学校的教师和学生，是掌握 Photoshop 图像处理的优秀工具书。

致谢

本书的编写和整理工作由北京千锋互联科技有限公司高教产品部完成，其中主要的参与人员有张琴、李彩艳、邢梦华等。除此之外，千锋教育的 500 多名学员参与了本书的试读工作，他们站在初学者的角度对本书提出了许多宝贵的修改意见，在此一并表示衷心的感谢。

在本书的编写过程中，虽然力求完美，但难免有一些不足之处，欢迎各界专家和读者朋友们提出宝贵意见。

编　者

2023 年 3 月

目 录

第 1 章 Photoshop 概述

本章学习目标

- 了解图形图像基础知识,分辨位图与矢量图,学习各种颜色模式的特点。
- 了解 Photoshop 工作界面,熟悉其基本操作。

　　Photoshop 是由 Adobe 公司开发和发行的图像处理软件,在图像处理领域独占鳌头,它提供了强大的图像处理功能,被广泛应用于图像处理、广告设计、网页设计以及 UI 设计等领域。本章在概述图像理论知识的基础上,带领读者初识 Photoshop 工作界面,为进一步学习奠定基础。

1.1　图像基础知识

视频讲解

1.1.1　位图与矢量图

　　图像根据其形成因素分为位图和矢量图。Photoshop 是典型的位图软件,同时也包含一些矢量功能。

1. 位图

　　位图也称点阵图或像素图,将位图放大到一定程度会发现紧密排列的小方格,这些方格即为像素点,像素是位图的最小组成单位。同样尺寸的位图,像素越多图像越清晰,颜色之间的混合也越平滑。位图图像表现力强、图像细腻、层次多,可以表现十分绚丽的色彩效果。由于位图由可编辑的众多像素点组成,因此对图像进行放大、缩小或拉伸时,会使位图失真,如图 1.1 所示。

(a) 位图原图　　　　　　　　　　(b) 将图局部放大

图 1.1　位图原图与局部放大图比较

2. 矢量图

矢量图又叫向量图,是由一系列的计算机指令来描述和记录的一张图,它所记录的是形状、线条和色彩,其最重要的优点是放大不失真,如图 1.2 所示,因此广泛应用于标志设计、图案设计、插画设计等。其缺点是难以表现色彩丰富、层次清晰的图像效果。

(a) 矢量图原图　　　　　　　　　　(b) 矢量图局部放大

图 1.2　矢量图原图与局部放大图比较

1.1.2　色彩模式

图像根据其呈现的颜色样式分为多种色彩模式,常见的为 RGB 模式、CMYK 模式、灰度模式、位图模式和索引模式。

1. RGB 模式

这是 Photoshop 最常用的颜色模式,也称为真彩色颜色模式。RGB 模式显示的图像质量最高,是 Photoshop 的默认模式,并且 Photoshop 中的许多效果都需在 RGB 模式下才可以生效。RGB 颜色模式主要是由 R(红)、G(绿)、B(蓝)3 种基本色相加进行配色,并组成红、绿、蓝 3 种颜色通道。在打印图像时,不能打印 RGB 模式的图像,这时需要将 RGB 模式下的图像更改为 CMYK 模式。

2. CMYK 模式

这也是常用的颜色模式,主要是运用于印刷品的颜色模式。CMYK 模式主要是由 C(青)、M(洋红)、Y(黄)、K(黑)4 种颜色混合而配色的。

3. 灰度模式

灰度模式下的图像只有灰度,而没有其他颜色。每个像素都以 8 位或 16 位颜色表示,如果将彩色图像转换为灰度模式,所有的颜色将被不同的灰度所代替。

4. 位图模式

位图模式是用黑色和白色来表现图像的,不包含灰度和其他颜色,因此它也被称为黑白图像。如果需要将一幅图像转换为位图模式,应首先将其转换为灰度模式。位图模式主要用于多媒体的动画以及网页上。

5. 索引模式

当彩色图像转换为索引模式时,图像的颜色包含 256 种,它主要是通过一个颜色表存放所有的颜色,如果使用者在查找一个颜色时,这个颜色表里面没有,那么其程序会自动为其选出一个接近的颜色或者模拟此颜色。

1.1.3　文件格式

在 Photoshop 中,文件可以保存为多种格式,其中常用的格式有 PSD、JPEG、PNG、

GIF、TIFF 等,如表 1.1 所示,根据文件的用途可以将其保存为不同的格式。

表 1.1 文件格式

分　类	特　　征
PSD 格式	这是 Photoshop 中的源文件格式,这种格式能够保存图层、通道、路径、辅助线、蒙版、未栅格化的文字、图层样式等信息,因此可以再次对每个图层进行编辑
JPEG 格式	这种格式不保存图层、路径等信息,是合并图层文件,并且是一种有损压缩的文件格式,因此文件占用空间小,广泛运用于需要网络加载的领域,如网页中的 banner(横幅广告)、图片等
PNG 格式	一种专门为 Web 开发的网页格式,可以保存透明背景图
GIF 格式	这种格式普遍用于保存动画,占用内存较小,适用于网页等网络载体上的图片格式
TIFF 格式	这也是无损压缩格式,用 Photoshop 编辑的 TIFF 文件可以保存路径和图层

1.1.4　分辨率

分辨率有多种单位和定义。在图像领域,分辨率是衡量图片质量的一个重要指标。同样长宽大小的图片,分辨率越高的图片越清晰,所占内存也越大。针对不同的载体,分辨率的要求也不同,多媒体屏幕显示的图像分辨率为 72 像素/英寸,一般印刷分辨率为 300 像素/英寸,高档画册分辨率要求 350 像素/英寸以上。

1.1.5　通道

每个 Photoshop 图像都有一个或多个通道,每个通道中都存储了关于图像的颜色信息。图像中默认的通道数取决于图像的颜色模式。位图、灰度、索引模式默认的状态下只有 1 条通道,RGB 颜色模式有红、绿、蓝 3 条颜色通道,CMYK 颜色模式默认的通道有 4 条,如图 1.3 所示。除了默认通道外,还可以为图像添加 Alpha 通道,后期将学习使用 Alpha 通道抠图。

图 1.3 通道

视频讲解

1.2　Photoshop 的应用领域

Photoshop 是一款功能十分强大的图像编辑软件,其应用领域十分广泛,包括平面设计、网页设计、界面设计、图像处理、文字设计、插画设计和视觉创意设计等。

Photoshop 概述

1.2.1 平面设计

使用 Photoshop 可以进行平面设计,如海报、包装、招贴等平面物料,都可以使用 Photoshop 制作,在创建画布时,将分辨率设置为 300 像素/英寸即可,如图 1.4 所示。

图 1.4 平面设计

1.2.2 网页设计

互联网已深入人们的日常生活,公司的一个重要宣传方式就是官方网页。使用 Photoshop 可以设计出精美的网页页面,然后利用标注和切图工具可以将设计图进行标注和切图,进而交付前端工程师进行代码实现,如图 1.5 所示。

图 1.5 网页设计

1.2.3 界面设计

智能手机的普及使得各类 App 如雨后春笋般出现,使用 Photoshop 可以进行界面设计,利用标注和切图工具可以快速地将设计图进行标注和切图,然后交付程序员进行开发,如图 1.6 所示。

Photoshop 概述

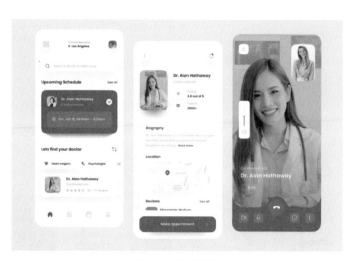

图 1.6　界面设计

1.2.4　图像处理

Photoshop 最基础的作用是图像处理。用手机或相机拍摄的照片存在光线、色彩不足等问题时,可以使用 Photoshop 的滤镜进行调整。另外,Photoshop 具有强大的图像修饰功能,使用这些功能可以对图像中的瑕疵、斑点进行修复,如图 1.7 所示。

图 1.7　图像处理

1.2.5　文字设计

在设计海报、包装等项目时,常常需要进行字体设计,从而使文字更加适合项目特性,增加画面的美观度,也可以规避字体侵权的危险,使用 Photoshop 可以进行字体设计,如图 1.8 所示。

图 1.8　字体设计

5

第 1 章

6

1.2.6 插画设计

近年来,插画在设计领域的运用越来越广泛。在 Photoshop 中,使用钢笔工具和画笔工具可以绘制插画,不仅可以塑造卡通形象,也可以描绘精美的场景,并将场景运用到广告宣传中,如图 1.9 所示。

图 1.9 插画设计

1.2.7 视觉创意设计

Photoshop 的图像处理功能十分强大,利用该软件可以进行画面合成,从而设计出具有创意的画面,如图 1.10 所示。

图 1.10 视觉创意设计

1.3 认识 Photoshop

视频讲解

1.3.1 Photoshop 的工作界面

Photoshop 的工作界面由菜单栏、工具栏、工具属性栏、控制面板和文档窗口组成,如图 1.11 所示。

1. 菜单栏

在 Photoshop 的菜单栏中可以直接调用所需的功能,如图 1.12 所示。菜单栏中的许多

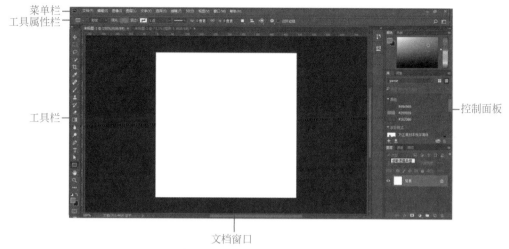

菜单栏
工具属性栏

工具栏

控制面板

文档窗口

图 1.11 Photoshop 工作界面

命令是多层级的,单击某一个菜单,可以在菜单列表中选择一个命令,如果命令后显示有快捷键,通过快捷键可以快速执行该命令。例如查看图像大小,按 Alt＋Ctrl＋I 快捷键即可。菜单下拉列表中黑色字体的命令代表可用,灰色字体的命令代表不可用。

Ps	文件(F)	编辑(E)	图像(I)	图层(L)	文字(Y)	选择(S)	滤镜(T)	3D(D)	视图(V)	窗口(W)	帮助(H)

图 1.12 菜单栏

2. 工具栏

工具栏默认在软件界面中的位置为软件界面的左侧,将光标放在工具栏顶部,按住鼠标左键并拖动,可以将工具栏放在任意位置。

通过鼠标单击工具图标即可选择一种工具。工具图标是一类工具的集合,将光标置于工具图标上并长按鼠标左键或右击图标即可调出这类工具下的所有工具,如图 1.13 所示。单击工具栏左上方的 ▶▶ 图标可将一栏工具栏变为双栏,单击 ◀◀ 图标即可将双栏工具栏变为一栏。

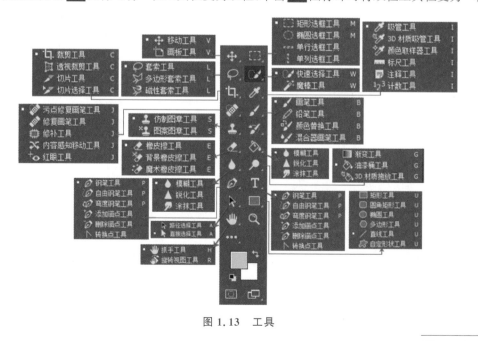

图 1.13 工具

在 Photoshop CC 2022 版本中,将鼠标放在某一种工具图标上,右侧会出现该工具的使用方法小视频,工具名称后的字母是该工具组合的快捷键,按 Shift+工具快捷键可以按顺序切换此工具组合内的工具,例如,按 U 键切换到矩形形状工具,在按住 Shift 键的同时按 U 键,即可切换到圆角矩形工具。

3. 工具属性栏

工具属性栏主要用于设置工具的参数,不同工具的属性栏不同,如文字工具 **T** 的属性栏,可以设置文字的字体、字号、颜色等,如图 1.14 所示。通过属性栏可以对工具进行设置。

图 1.14 工具属性栏

4. 控制面板

控制面板一般显示在 Photoshop 的右侧,默认显示的面板有图层面板、通道面板、路径面板、颜色面板等,通过选择菜单栏中的"窗口"选项,可以将隐藏的面板激活。控制面板中不常用的面板可以隐藏,单击面板的标题并拖曳,面板窗口成为悬浮窗口,单击窗口右上方的 ▓ 按钮即可在界面中删除该面板,如图 1.15 所示。

图 1.15 控制面板

若在操作过程中发现工具箱、选项栏或某个面板不见了,可以执行"窗口"→"工作区"→

"复位基本功能"命令还原回初始的工作区状态。根据个人需要,也可通过新建工作区,删除不常用的面板,显示常用面板,然后执行"窗口"→"工作区"→"新建工作区"命令,即可保存此工作区,关闭软件再次启动,控制面板为自定义的工作区。

5. 文档窗口

文档窗口是显示和编辑图像的区域。打开一个图像,窗口中自动创建一个文档选项,若打开多个窗口,则会有多个文档选项,如图 1.16 所示。单击选项名可以切换文档,或者按 Ctrl+Tab 快捷键,可以按前后顺序切换文档,按 Ctrl+Shift+Tab 快捷键可以按相反的顺序切换文档。

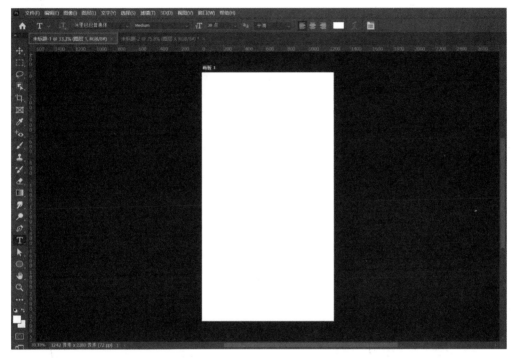

图 1.16　文档窗口

拖曳文档窗口标题栏可以将其变成浮动窗口,拖动浮动窗口的一角,可以调整其大小,如图 1.17 所示。

Photoshop 的工作界面除了以上 5 大部分外,还有标尺功能,默认状态下,标尺显示在文档窗口的外围。若标尺隐藏,按 Ctrl+R 快捷键即可显示,如图 1.18 所示。使用标尺可以拖出参考线,便于元素精确定位。光标放在标尺上按住左键拖动即可创建参考线。参考线是虚拟的线条,不影响图像内容,按 Ctrl+; 快捷键可以隐藏,再按一次则显示。选择移动工具 ✛,将光标放在参考线上,按住鼠标左键将参考线拖到文档窗口以外即可删除参考线。

1.3.2　Photoshop 的基本操作

学习 Photoshop 的使用,需要熟悉其基本操作,包括打开/关闭图像、新建文档画布、存储/存储为图像等。

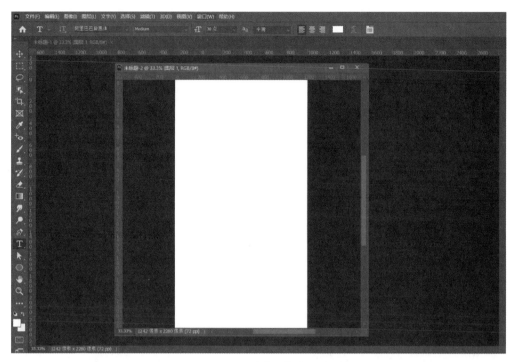

图 1.17　浮动文档窗口

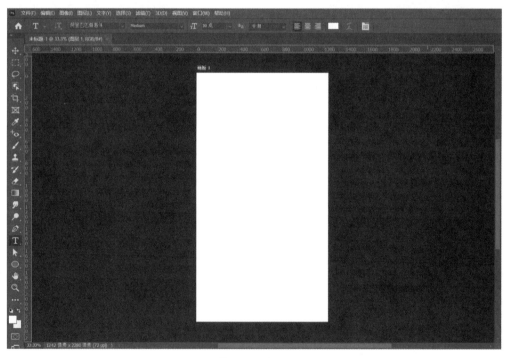

图 1.18　标尺

1. 打开文件

Photoshop 打开文件的方法有许多，第一种方法是通过软件界面的操作打开，选择菜单栏下的"文件"菜单，单击"打开"选项，或使用 Ctrl＋O 快捷键，选择需要打开的文件即可，如

图 1.19 所示。

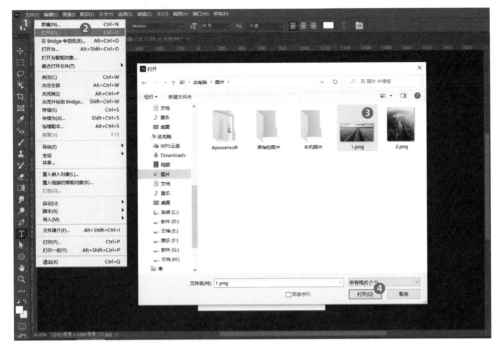

图 1.19　打开文件方法 1

第二种方法是拖曳法。打开 Photoshop 软件,最小化到桌面任务栏,在桌面或磁盘中找到需要打开的图像,按住鼠标左键将图像拖曳到桌面下方任务栏的 Photoshop 标签上停留几秒,调出软件界面,再松开鼠标左键即可。需要注意的是,如果 Photoshop 中已打开其他图像,用鼠标拖曳图片调出软件界面后,光标应放在工具属性栏的后方空白处松开,如图 1.20所示。

图 1.20　打开文件方法 2

2. 关闭文件

在 Photoshop 中关闭文件只需单击文档窗口标题栏后的 ▧ 按钮即可,也可使用 Ctrl＋W快捷键关闭当前文档。按 Ctrl＋Alt＋W 快捷键可以关闭所有文件。若此文件没有保存,软件系统则会弹出警示对话框,根据需要选择保存或不保存即可。

3. 新建文档画布

如果需要制作一个新的文件,需要新建一个画布,Photoshop 中的画布类似 Word 办公软件的空白页,是图像的显示区域和载体。执行"文件"→"新建"命令,或按 Ctrl＋N 快捷键弹出"新建文档"对话框,在"新建文档"对话框中可以设置文件的名称、尺寸、分辨率、颜色模式等,设置完毕后单击"创建"按钮,即可创建新的空白文件,如图 1.21 所示。

执行"图像"→"图像大小"命令,或按 Ctrl＋Alt＋I 快捷键,可以查看并改变图像尺寸及分辨率,若要使宽、高等比例变化,则需要在改变宽或高的数值时激活左侧的 ▧ 按钮。

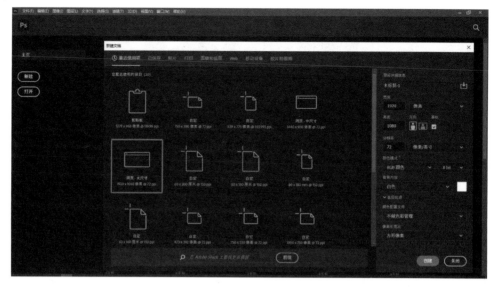

图 1.21 新建文档画布

执行"图像"→"画布大小"命令,或按 Ctrl+Alt+C 快捷键,可以查看并改变画布大小,此操作不会使图像发生变化,只会使画布发生变化。例如,将大小为 500×500 像素的画布修改为 1000×500 像素大小,画布宽度变为原来的 2 倍,画布中的图像不发生变化。

新建画布设置面板的参数如表 1.2 所示。

表 1.2　新建画布设置面板的参数

参　　数	释　　义
宽度/高度	用来设置画布大小,单位有"像素""英寸""厘米""毫米"等,常用的为"像素"
方向	文档画布的方向分为横版和竖版
分辨率	分辨率单位默认是像素/英寸,分辨率数值越大,图像质量越好,图片也越大。根据图像运用的渠道不同分辨率也不同。一般来说,用于计算机、手机等电子屏幕时,分辨率设置为 72 像素/英寸;用于印刷时,分辨率设置为 300 像素/英寸
颜色模式	Photoshop 中颜色模式分为位图、灰度、RGB、CMYK、Lab 5 种,常用的为 RGB 和 CMYK
背景内容	画布背景分为白色、黑色、背景色、透明和自定义,单击后方的色块,可以设置背景颜色

4. 存储与存储为

执行"文件"→"存储"命令或按 Ctrl+S 快捷键,可以对文件进行存储。"存储"只有在文件已存在的前提下才有效,可以保留对文档的修改,并且替换上一次存储的文件。"存储"操作在作图过程中经常用到,以免断电或软件自动退出等意外导致文件丢失。

执行"文件"→"存储为"命令或按 Ctrl+Shift+S 快捷键,在弹出的"存储为"对话框中可以将文件重新存储为另一个文件,不覆盖修改前的文件。"存储为"一般是在项目需要修改时执行。

第 2 章　　　　图　　　层

本章学习目标

- 了解图层的基础知识。
- 熟练掌握图层的基本操作。
- 学习图层的高级操作。

图层是 Photoshop 图像处理中最基础的概念。图层的存在使图像里的各元素可以单独进行变形、移动、改色等操作,使用 Photoshop 创建的画面由多个图层叠加而成。本章将指引读者了解图层的相关知识和操作,为后面章节的学习奠定基础。

2.1　图层基础知识

视频讲解

图层是组成一幅画面的基础单位,是学习 Photoshop 之前必须掌握的概念之一。如图 2.1 所示,在 Photoshop 中可以使用七巧板的基础形状拼接一个房子,本节先介绍图层的基础知识,然后讲解七巧板拼接房子的具体操作方法。

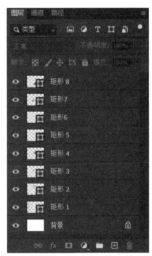

图 2.1　七巧板拼接房子

2.1.1　关于图层

图层是 Photoshop 中的重要概念。通俗地讲,图层就像是含有文字或图形等元素的胶

14

片,一张张按顺序叠放在一起,组合起来形成一幅图像的最终效果。通过 Photoshop 制作的图片是由许多单独的图层组合形成的,如图 2.1 右侧所示,左侧是在 Photoshop 中用七巧板的形状拼接的房屋,右侧是其图层面板,从图层面板中可以观察到许多图层,如名为"矩形2"的图层、名为"矩形 3"的图层等,正是这些图层合并为一张房屋图像。在这些图层中,上层会覆盖下层。

2.1.2 图层面板概述

图层面板用于创建、编辑、管理图层和为图层添加样式等。默认情况下,图层面板位于软件的右下方,若图层面板被隐藏,可以执行"菜单"→"窗口"→"图层"命令开启,或按 F7键。图层面板如图 2.2 所示。

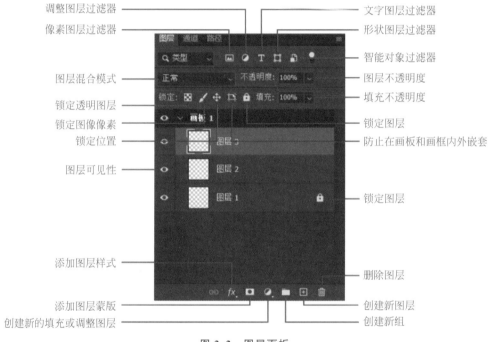

图 2.2　图层面板

像素图层过滤器:将所有像素图层显示,其他类别的图层隐藏。其他 4 种模式也如此。

图层混合模式:所选图层与下层图层产生混合的方式。例如,"正常"模式是指当前图层与下层图层不产生混合,上层图层正常显示,并且上层图层会覆盖下层图层;"正片叠底"模式是指"去白留黑",即保留当前图层较暗的部分,去掉亮色部分。

锁定按钮组:单击相应的锁定按钮,使其不可编辑。例如选择一个图层,然后单击🔒按钮,可以将该图层锁定,图层锁定后不可再编辑该图层。

图层不透明度与填充不透明度:"图层不透明度"指所选图层整体的不透明度设置,并且其图层样式也会受到影响;"填充不透明度"功能类似前者,其特点是图层样式不受影响。

图层可见性:若要使相应图层隐藏,单击👁按钮即可。

添加图层样式:单击 *fx* 按钮,在弹出的列表中选择需要的图层样式,即可为当前图层添加图层样式。

添加图层蒙版：单击 按钮，可以为当前图层添加蒙版，用来遮盖图层的部分内容。

创建新的填充或调整图层：单击 按钮，可以创建调整层，从而调整图层的色彩平衡、色相/饱和度等。

创建新组和创建新图层：单击 按钮，即可新建图层，并且图层性质为像素图层，使用Ctrl＋Shift＋Alt＋N 快捷键也可新建图层；单击 按钮即可新建组。

删除图层：单击 按钮，即可删除选定的图层。

关于图层混合模式、图层样式、图层蒙版与调整图层的具体使用将会在后面章节具体讲解。

2.1.3　图层分类

在 Photoshop 中可以创建多种类型的图层，常用的图层类型有调整图层、图层蒙版图层、智能对象图层、图层组、像素图层、变形文字图层、文字图层、剪贴蒙版图层、形状图层和背景图层等，如图 2.3 所示。不同类型图层的图标也不同，有些图层可以转换为其他类型的图层，如形状图层可以转换为像素图层。

调整图层 ————
图层蒙版图层 ————
智能对象图层 ————
图层组 ————
像素图层 ————
变形文字图层 ————
文字图层 ————
剪贴蒙版图层 ————
形状图层 ————
背景图层 ————

图 2.3　图层类型

调整图层：用来调整全部或下一图层的填充或颜色，具体用法将在后面章节详细讲解。

图层蒙版图层：选择一个图层后，单击 按钮，即可为该图层添加一个蒙版，蒙版图层的用法将在后面章节详细讲解。

智能对象图层：显示状态为 ，其他图层转换为智能对象图层后，可以对图层进行缩放、旋转、斜切、扭曲、透视变换或使图层变形，而不会丢失原始图像数据或降低品质。选择任意图层并右击,在弹出的快捷菜单中选择"转换为智能对象"选项即可。

图层组:显示状态为◫,若要将两个图层进行编组,先选择一个图层,再按住 Ctrl 键,然后单击另一图层,即可同时选择这两个图层,再使用 Ctrl+G 快捷键即可。

像素图层:显示状态为▤▤▤▤▤,单击◻按钮可以创建一个空白的像素图层,先打开一张图像,然后拖到另一个文件中,拖入的位图图像也会自动生成像素图层。

变形文字图层:显示状态为▨,将文字图层进行变形后,在图层面板中,该文字图层会变为变形文字图层。

文字图层:显示状态为▣,使用文字工具可以创建文字图层。选择一个文字图层,右击,在弹出的快捷菜单中选择"栅格化图层"选项,可以将文字图层转换为像素图层;选择"转换为形状"选项,可以将文字图层转换为形状图层。

剪贴蒙版图层:显示状态为▨▣▤,剪贴蒙版图层的图像只显示在下层图层的范围内。

形状图层:显示状态为◩,使用形状工具和钢笔工具可以创建形状图层。选择一个形状图层,右击,在弹出的快捷菜单中选择"栅格化图层"选项,可以将形状图层转换为像素图层。

背景图层:在图层面板中选择一个除了调整层的任意图层,执行"图层"→"新建"→"背景图层"命令,可以创建一个背景图层。默认情况下,背景图层位于图层面板的底层,并且为锁定状态,可以单击"解锁"按钮🔒解锁,解锁后的背景图层会转换为像素图层。

以上介绍的是常用的基础图层,其余类型的图层将会在后面章节中详细讲解。

2.1.4 实操案例:七巧板拼房子

在现实生活中,砖头是一栋房子的基础部件,同样地,使用 Photoshop 设计项目时,图层是组成一个画面的基础元素。本案例在 Photoshop 中使用七巧板的形状拼接房子,初步认识图层的概念和基础操作。

【step1】 按 Ctrl+O 快捷键打开图 2-1. psd,如图 2.4 所示。

【step2】 在工具栏中选择移动工具✛(或按 V 键),再在图层面板中选择"青色"图层,将此图层移动到黄色色块的上方,如图 2.5 所示。

【step3】 在工具栏中选择移动工具✛,再在图层面板中选择"蓝色"图层,将蓝色色块移动到黄色色块的右侧。在图层面板中选择"绿色"图层,将该色块移动到黄色色块的下方,如图 2.6 所示。

【step4】 在图层面板中选择"紫色"图层,将该色块移动到绿色色块的右侧。选择"橙色"图层,将该色块移动到紫色色块的右侧。选择"红色"色块,将该色块移动到紫色色块的右侧,如图 2.7 所示。

【step5】 在图层面板中,按住 Shift 键的同时,依次单击"紫色"和"青色",即可选择包括这两个图层以及中间的所有图层,在工具栏中选择移动工具✛,然后将选择的图层移动到画布中间,如图 2.8 所示。

图 2.4　打开素材

图 2.5　移动图层 1

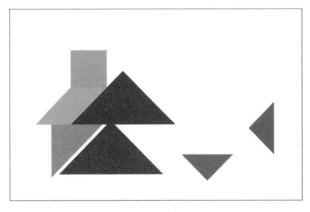

图 2.6　移动图层 2

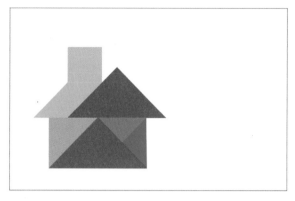

图 2.7　移动图层 3

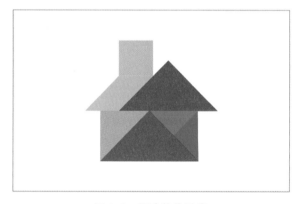

图 2.8　移动整体图像

视频讲解

2.2　图层基本操作

　　图层是在 Photoshop 软件中创建项目的最小元素,掌握图层的常规操作是学习该软件的基础,本节将详细讲解图层的基本操作,包括新建图层、删除图层、复制图层、改变图层顺序、移动图层等。在本节中,利用图层的基本操作完成家居海报制作,如图 2.9 所示。

图 2.9　家居海报

2.2.1　新建图层

在 Photoshop 中可以使用图层面板创建图层,也可以在编辑过程中创建或使用快捷键创建。需要注意的是,形状工具与文字工具可以自动创建图层,而画笔类像素工具不会自动创建图层,若使用画笔类工具绘制需要单独编辑的图像,则需要在绘制前新建一个空白图层。

单击图层面板下方的"创建新图层"按钮 □ ,或执行"图层"→"新建"→"图层"命令也可创建新图层,按 Shift+Ctrl+N 快捷键在弹出的"新建图层"对话框中设置新建图层的名称和混合模式,如图 2.10 所示。

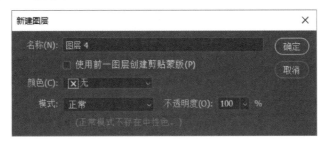

图 2.10　"新建图层"对话框

按 Ctrl+Shift+Alt+N 快捷键可以快速创建一个新的图层,新建图层排列在当前图层的上方,如图 2.11 所示。这类图层初始状态下都为像素图层,当图层为空白图层,选择矩形工具或钢笔工具画图时,该图层会转换为形状图层,初始使用文字工具时,该图层会转换为文字图层。

值得注意的是,当使用 □ 按钮新建图层时,先按住 Ctrl 键,然后单击 □ 按钮,新建的图层排列在当前图层的下方,如图 2.12 所示。

图 2.11　新建图层

图 2.12　图层顺序

当项目中的图层较多时,为了更加清楚地分辨图层,需要对图层进行重命名,双击图层名称即可重命名图层,如图 2.13 所示。若双击图层名称后方空白处,则会调出图层样式面板。

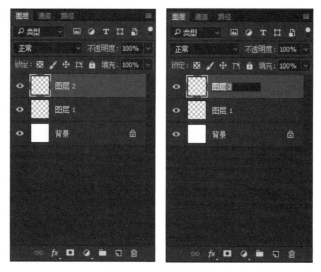

图 2.13　图层重命名

2.2.2　删除图层

不需要的图层可以删除,将需要删除的图层拖到图层面板下方的 🗑 按钮上,松开鼠标后该图层即被删除,如图 2.14 所示。

除以上方法外,也可选择需要删除的图层,右击,在弹出的快捷菜单中选择"删除图层"选项,如图 2.15 所示,Photoshop 会自动弹出一个提示对话框,单击 是(Y) 按钮即可。

图 2.14　删除图层方法 1

图 2.15　删除图层方法 2

2.2.3　复制图层

在 Photoshop 中可以通过复制,得到与原图层一样的图层。这种复制包括两种含义:一种是在本文档内复制图层,得到的图层与原图层存在于一个文档中;另一种是将一个文档中的某个图层复制到另一个文档中。

在本文档内复制的方法有多种,这里主要介绍 3 种简单的方法。

方法一：在图层面板中选择需要复制的图层，按住鼠标左键将其拖动到回按钮上松开即可，如图 2.16 所示。

图 2.16　复制图层 1

方法二：结合移动工具 ✛ 可以快速复制选择的图层。先选择移动工具，再选择需要复制的图层，按住 Alt 键的同时，按住鼠标左键将其拖动到画布的任意位置，然后松开鼠标即可。若按住 Alt 键的同时按住 Shift 键，那么会在水平或垂直方向上复制图层，如图 2.17 所示。

图 2.17　复制图层 2

方法三：使用 Ctrl＋J 快捷键复制图层。若需要将一个文件中的图层复制到另一文件中，先在 Photoshop 中打开这两个文件，选择需要复制的图层，按 Ctrl＋C 快捷键进行复制，如图 2.18 所示，单击另一文件的名称窗口，将工作区切换到此文件，然后按 Ctrl＋V 快捷键即可，如图 2.19 所示。

图 2.18　复制图层 3

图 2.19　粘贴图层 1

2.2.4　改变图层顺序

在 Photoshop 中图层是上层覆盖下层的关系，因此很多情况下需要改变图层的上下层级顺序，以达到预期效果，本节介绍 3 种调整图层顺序的方法。

方法一：选择需要调整的图层，执行"图层"→"排列"命令，在子菜单中选择需要的选项即可，如图 2.20 所示。

方法二：选择需要移动的图层，将光标放在图层名称后方空白处，按住鼠标左键并将其拖动到指定图层下方即可，如图 2.21 所示。

方法三：通过快捷键调整图层顺序。按 Ctrl＋]快捷键将所选图层上移一层，按 Ctrl＋Shift＋]快捷键将所选图层置顶；按 Ctrl＋[快捷键将所选图层下移一层，按 Ctrl＋Shift＋[快捷键将所选图层置于底层。

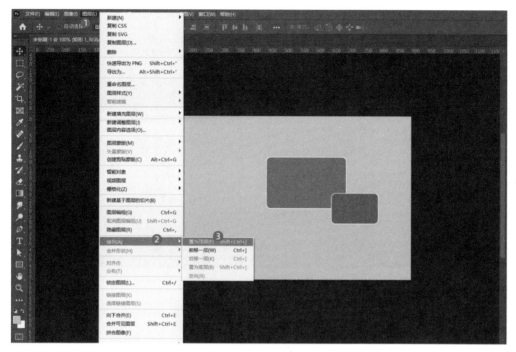

图 2.20　改变图层顺序方法 1

图 2.21　改变图层顺序方法 2

2.2.5　移动图层

移动图层中的图像需要使用移动工具,单击工具栏中的 ⊕ 按钮或按 V 键,即可选择移动工具,使用该工具可以移动所选图层中的图像,如图 2.22 所示。

2.2.6　实操案例:家居 banner

使用 Photoshop 设计项目时,需要不断对各个图层进行编辑,本案例使用 Photoshop 创建一幅美观的家居 banner。

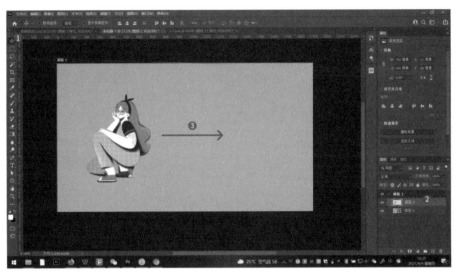

图 2.22　移动图层

【**step1**】　打开 Photoshop 软件,按 Ctrl+N 快捷键新建一个画板,在项目面板中将文件名称设置为"家居 banner",宽度设置为 750 像素,高度设置为 390 像素,分辨率设置为 72 像素/英寸,如图 2.23 所示。

图 2.23　新建画板

【**step2**】　按 Ctrl+O 快捷键打开素材图 2-2.jpg,如图 2.24 所示,按 Ctrl+C 快捷键复制该图像,然后将当前窗口切换到新建的项目,按 Ctrl+V 快捷键粘贴该图像。

【**step3**】　按 Ctrl+O 快捷键打开素材图 2-3.psd,按 Ctrl+C 快捷键复制"灯""沙发""桌子"图层,将当前窗口切换到家居 banner 文件,然后按 Ctrl+V 快捷键将复制的图层复制到项目文件中,在工具栏中选择移动工具,将各个图层图像移动到合适位置,如图 2.25 所示。

【**step4**】　按 Ctrl+O 快捷键打开素材图 2-4.png,将文案图层复制到项目文件中,适当调整位置,最终效果如图 2.26 所示。

图 2.24　打开素材图

图 2.25　复制文字

图 2.26　最终效果

视频讲解

2.3 图层高级操作

图层操作是使用 Photoshop 制作图像过程中最频繁的步骤,图层的操作是学习 Photoshop 软件的基础。2.2 节中详细讲解了图层的基础操作,本节将围绕图层的高级操作进行讲解,包括创建图层组、对齐与分布图层、合并与盖印图层、设置图层不透明度等。本节的案例是利用图层的高级操作完成美食海报制作,如图 2.27 所示。

图 2.27　美食海报

2.3.1　图层组

在公司的职能部门中,可以将同类性质的工作人员分为一个部门以方便管理,同样地,在 Photoshop 中可以将图层编组,从而方便查找和编辑图层。在本节中主要介绍编组、取消编组等知识点。

1. 创建图层组

创建图层组的方法有多种,这里介绍两种简单便捷的方法。

方法一:通过单击图层面板的"创建新组"按钮 ▢,可以创建内容为空的图层组,如图 2.28 所示。单击图层组前的 ❯ 按钮,可以展开图层组,使组内的内容显示;单击 ❯ 按钮,可以将展开的图层组的内容折叠起来。

方法二:使用快捷键可以将需要编组的图层进行编组,学习此方法需要先学会多选图层的操作方法,如表 2.1 所示。

图 2.28　创建新组方法 1

表 2.1　选择图层

分　　类	操　作　方　法
选择一个图层	在图层面板中单击需要选择的图层
选择多个连续图层	单击第一个图层,然后按住 Shift 键的同时单击最后一个图层
选择多个不连续图层	按住 Ctrl 键的同时依次单击需要选择的图层
取消某个被选择的图层	按住 Ctrl 键的同时单击需要取消选择的图层
取消所有被选择的图层	在图层面板下方空白处单击,或单击某一个图层

通过表 2.1 中的操作选择需要编组的图层后,按 Ctrl＋G 快捷键即可将图层编组,如图 2.29 所示。

图 2.29　创建新组方法 2

2. 取消编组

在保留组内图层的情况下取消编组,可以先选择该图层组,然后右击,在弹出的快捷菜单中选择"取消图层编组"选项即可,如图 2.30 所示。也可使用 Shift＋Ctrl＋G 快捷键取消编组。

3. 将图层移入图层组

图层组外的图层可以移到图层组内。选择需要移动到图层组的图层,按住鼠标左键并将其拖动到图层组内松开鼠标即可,如图 2.31 所示。

图 2.30　取消图层编组　　　　图 2.31　新增组内图层

4. 将图层移出图层组

图层组内的图层可以移出图层组。选择需要移出的图层,按住鼠标左键并将其拖动到图层组外松开鼠标即可。

2.3.2 对齐与分布图层

日常生活中存在许多关于"对齐"和"分布"的案例,如军训时教官要求学生前后左右对齐。在 Photoshop 中可以对图层进行对齐与分布操作,这样能够方便、快捷地调整图层之间的位置关系。

1. 对齐图层

对齐不同图层上的图像,需要同时选择需要对齐的图层,执行"图层"→"对齐"命令,选择需要的选项即可,如图 2.32 所示。

对齐图层有多种选项,包括顶边、垂直居中、底边、左边、水平居中、右边,如表 2.2 所示。

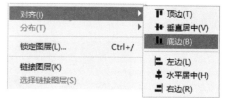

图 2.32 对齐图层

表 2.2 对齐图层

分 类	释 义
顶边对齐	以所有所选图层的最顶端为对齐的标准,其他图层以此标准顶部对齐
垂直居中对齐	将所有选定元素的垂直中心在水平方向上对齐
底边对齐	以所有所选图层的最底端为对齐的标准,其他图层以此标准底部对齐
左边对齐	以所有所选图层的最左边为对齐的标准,其他图层以此标准左边对齐
水平居中对齐	将所有选定元素的水平中心在垂直方向上对齐
右边对齐	以所有所选图层的最右边为对齐的标准,其他图层以此标准右边对齐

值得注意的是,当将某个选定的图层载入选区(先按住 Ctrl 键,再单击图层缩览图)后,所有对齐操作都会以此选区为标准。图 2.33 所示即以底边对齐为例。

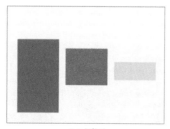　　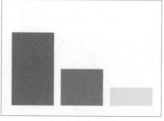　　

(a)原图　　　　　　　　　(b)未载入选区　　　　　　　(c)最右侧元素载入选区

图 2.33 载入选区后底边对齐

2. 分布图层

分布不同图层上的图像,需要同时选择需要分布的图层,然后执行"图层"→"分布"命令,选择需要的选项即可,如图 2.34 所示。

分布图层有多种选项,包括顶边、垂直居中、底边、左边、水平居中、右边,如表 2.3 所示。

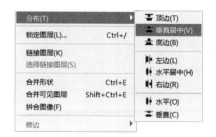

图 2.34　分布图层

表 2.3　分布图层

分　类	释　义
顶边分布	可以从每个图层的顶端开始,间隔均匀地分布图层
垂直居中分布	可以从每个图层的垂直中心开始,间隔均匀地分布图层
底边分布	可以从每个图层的底端开始,间隔均匀地分布图层
左边分布	可以从每个图层的左端开始,间隔均匀地分布图层
水平居中分布	可以从每个图层的水平中心开始,间隔均匀地分布图层
右边分布	可以从每个图层的右端开始,间隔均匀地分布图层

以顶边分布为例,执行该操作后使图层元素的顶部间隔达到统一,如图 2.35 所示。

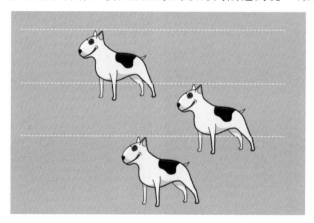

图 2.35　顶边分布

2.3.3　合并与盖印图层

在日常生活中,经常会遇到剩饭剩菜的情况,如果剩下两个半碗的米饭,那么可以将这两份米饭倒在一个碗中,再放入冰箱。同样的道理,在 Photoshop 中也可以将相同属性的图层或不需要单独调整的图层合并,这样不仅可以提高计算机的运行速度,而且可以方便图层管理。

1. 合并图层

合并图层是指将多个图层合并为一个图层。同时选择需要合并的多个图层,执行"图层"→"合并图层"命令,或使用 Ctrl+E 快捷键,即可将选择的图层合并,合并后的图层名称变为最上层图层的名称,如图 2.36 所示。

向下合并图层:在图层面板中选择需要向下合并的图层,如"图层 3"图层,执行"图层"→

图 2.36 合并图层

"向下合并"命令,或使用 Ctrl＋E 快捷键,合并后的图层名称变为最下层图层的名称,如图 2.37 所示。

图 2.37 向下合并图层

合并可见图层:可以将所有可见图层合并为一个图层,隐藏图层除外,执行"图层"→"合并可见图层"命令即可,如图 2.38 所示。

2. 盖印图层

在我国北宋时期,毕昇发明了雕版活字印刷术,人们将文字雕刻在单独分开的板上,然后根据印刷的内容排字,在排好的字上刷上墨汁,再铺上一层白纸,所有的字样就都能印在纸上了,如图 2.39 所示。这一个个字就像一个个图层,白纸及其印上的字就像 Photoshop 中的盖印图层。

Photoshop 中的盖印可见图层操作,可以在不影响原有图层的基础上将可见图层合并,按 Shift＋Alt＋Ctrl＋E 快捷键即可,如图 2.40 所示。

图 2.38　合并可见图层

图 2.39　雕版活字印刷术

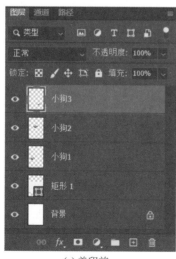

(a) 盖印前　　　　　　　　　　　　　(b) 盖印后

图 2.40　盖印图层

2.3.4　图层不透明度

俗话说"一叶障目不见泰山"，这正是因为树叶是不透明的，所以透过它眼睛看不到其背后的事物，而窗户的玻璃是透明的，透过它可以看见窗外的事物。在 Photoshop 中也存在"不透明度"这一概念。图层面板中的"不透明度"和"填充"属性，都可以用来控制图层的不透明度，设置范围为 0～100%，其中 0 代表完全透明，100% 代表完全不透明。因为在 Photoshop 中图层是上层覆盖下层的关系，所以上层图层不透明度数值越小，下层图层越会清晰显现，如图 2.41 和图 2.42 所示。

图 2.41　图层 1 不透明度为 100%

图 2.42　图层 1 不透明度为 50%

图 2.43　设置不透明度

设置不透明度时，可以直接在图层面板中的"不透明度"后输入数值，也可以单击▾按钮，滑动控制条以调整不透明度，如图 2.43 所示。另外，直接在键盘中按数字键也可以调整不透明度，如按下数字"6"，不透明度会变为 60%。

区分"不透明度"与"填充"："不透明度"对除锁定和背景图层以外的所有图层有效，对图层样式也有效；与前者不同的是，"填充"对图层样式无效。如图 2.44 和图 2.45所示，为图层 2 添加"描边"，然后分别将"不透明度"和"填充"设置为 50%，观察效果。关于图层样式的知识会在以后的章节中详细介绍。

图 2.44 图层样式与"不透明度"

图 2.45 图层样式与"填充"

2.3.5 实操案例：美食海报

在 Photoshop 中,分层是为了更加方便地对各个元素进行编辑,一幅完整的图像都是由许多独立的图层组合而成的。本案例使用 Photoshop 创建一幅美观的美食海报。

【step1】 打开 Photoshop 软件,按 Ctrl＋N 快捷键新建一个画板,在项目面板中将文件名称设置为"美食海报",宽度设置为 1200 像素,高度设置为 700 像素,分辨率设置为 72 像素/英寸,如图 2.46 所示。

【step2】 在工具栏中选择矩形工具,绘制一个矩形,使该矩形覆盖全部画布,在属性栏中将填充颜色设置为＃ffc4c3,如图 2.47 所示。

【step3】 按 Ctrl＋O 快捷键打开素图 2-5.png,然后将该素材复制到创建的文件中,如图 2.48 所示。

【step4】 在工具栏中选择选择工具,在图层面板中选择草莓素材图层,按住 Alt 键的同时向右侧

图 2.46 新建文件

图 2.47 绘制矩形

图 2.48 复制素材

拖曳鼠标，复制该素材图像，重复该动作，复制草莓素材，如图 2.49 所示。

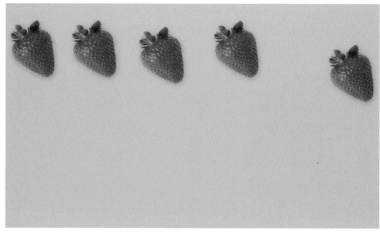

图 2.49 复制草莓素材

【step5】 在图层面板中选择一个草莓图层,按住 Shift 键的同时单击其他复制的草莓图层,选择所有的草莓素材,在属性面板中单击 ⋯ 按钮,接着单击 ▮ 按钮,使所有的素材底部对齐,然后单击 ▮ 按钮,即可使所有的素材水平居中对齐,如图 2.50 所示。

图 2.50 对齐素材

【step6】 同时选择草莓图层,按 Ctrl+G 快捷键将这些图层编组,再多次复制该组,适当调整素材的位置,如图 2.51 所示。

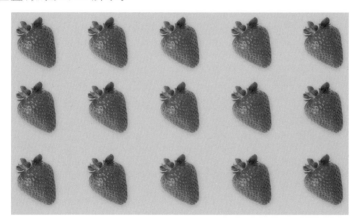

图 2.51 复制图像

【step7】 打开素材图 2-6.png,将草莓叶素材复制到项目文件中,如图 2.52 所示。

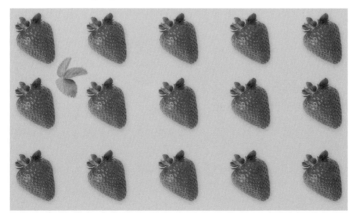

图 2.52 复制素材

【**step8**】 在图层面板中选择草莓叶素材,按 Ctrl+J 复制该素材,调整素材的位置。打开素材图片 2-6.png,将该素材复制到文档中,适当调整素材的位置,效果如图 2.53 所示。

图 2.53 效果图

第 3 章   图 像 操 作

本章学习目标

- 熟练使用裁剪工具。
- 了解变换与变形操作。
- 掌握撤销操作与辅助工具的使用。
- 掌握调整画布位置与显示大小的操作。

Photoshop 中的图像操作,可以使绘图操作更加便捷,本章将详细讲解裁剪工具、变形操作、撤销操作和调整画布等重点知识,全面学习图像操作的常用方法。通过本章的学习,可以为后面章节中的操作奠定基础。

3.1   裁 剪 图 像

视频讲解

使用手机或照相机拍摄的照片存在边角多余元素时,可以利用 Photoshop 中的裁剪工具、"裁剪"或"裁切"命令将多余的元素裁剪掉,本节将详细讲解裁剪图像的 3 种方法。在本节的内容中,将利用裁剪工具修整图片,如图 3.1 所示。

图 3.1   裁剪图像

3.1.1   裁剪工具

在日常生活中,会经常使用剪刀将纸张或布匹的多余部分裁剪掉,留下需要的部分。同样地,在 Photoshop 中,利用裁剪工具以及其他操作可以将多余的画布及图像进行裁切。本节将详细介绍裁剪图像的具体操作。裁剪工具是在 Photoshop 中裁切图像操作最常用的工具,利用此工具不仅可以裁切掉图像的多余部分,还可以扩大图像。

1. 裁剪工具属性栏

单击工具栏中的 按钮,或按 C 快捷键,即可选择裁剪工具,此时属性栏切换为裁剪工具属性栏,如图 3.2 所示。

图 3.2　裁剪工具属性栏

约束方式:单击右侧的 按钮,在下拉列表中可以选择需要的约束方式,如图 3.3 所示。选择某一选项后,即可在其后的属性设置中设置相关参数,然后在画布中进行操作。裁切区域定义完成后,单击属性栏右侧的 按钮即可完成裁切,若要取消裁剪,单击 按钮即可。

约束比例:在文本框中输入参数值,画布中出现相应的裁切范围定界框,单击右侧的 按钮即可。

清除约束比例:单击 按钮,即可清除"约束比例"文本框中的数值。

拉直:通过在图像上画一条直线来拉直图像。

视图:单击 图标,在下拉列表中可以选择视图模式,如图 3.4 所示。一般情况下,使用默认视图即可。

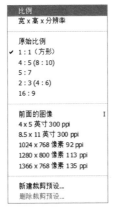

图 3.3　约束方式

图 3.4　视图

设置其他裁剪选项:单击该按钮,可以在窗口中设置裁剪的显示方式,一般保持默认即可。

删除裁剪的像素:勾选此复选框,裁切掉的部分将被删除;若不勾选此复选框,裁切掉的部分只是被隐藏,若要还原图像,再次使用裁剪工具,单击画布,即可看到原文档。

2. 裁切图像

完成了裁剪工具属性栏中的各种设置后,本节将详细讲述裁切工具的具体使用,在此介绍 3 种裁切方法。

方法一:选择裁剪工具,画布四周即可出现裁切框,如图 3.5 所示。将鼠标置于裁切框上,按住鼠标左键并拖动,即可裁剪图像。

图 3.5　裁切框

　　值得注意的是,裁剪工具不仅可以裁切掉不需要的部分,还可以将图像扩大,如图 3.6 所示。将鼠标置于裁切框上,按住鼠标左键的同时向外拖动,即可将图像扩大,右侧图片即为扩大后的图像。透明区域即为扩大的部分,可以通过填充操作,为此透明区扩填充颜色。

图 3.6　扩大图像

　　方法二:选择裁剪工具后,将光标置于裁切框内,按住鼠标左键并拖动,即可调整被裁切的区域,如图 3.7 所示。调整完成后单击属性栏右侧的　按钮,或按 Enter 键,即可完成裁剪。

图 3.7　移动裁剪区域

　　方法三:选择裁剪工具后,按住鼠标左键在图像上绘制一个裁切区域,松开鼠标左键,形成的裁剪框以内区域内的图像为要保留的部分,如图 3.8 所示。裁剪框绘制完成后,将光示置于边缘上,按住鼠标左键的同时拖动,即可更改裁剪框的大小。

第 3 章

图像操作

图 3.8　绘制裁切区域

3.1.2　裁剪

除了可以运用裁剪工具进行图像裁切外,还可以结合选区(将在第4章详细讲解),通过执行"图像"→"裁剪"命令,对图像进行裁切。

选择矩形选框工具 ▦,将光标置于画布中,按住鼠标左键拖动,即可绘制矩形选区,然后执行"图像"→"裁剪"命令,即可将选区外的图像裁剪掉,如图3.9所示。

(a)绘制选区　　　　　　　　　　　　　　　(b)裁剪后

图 3.9　裁剪

3.1.3　裁切

"裁切"命令是基于图像的颜色进行裁切的,打开一张四周带有明显留白的图像,执行"图像"→"裁切"命令,在弹出的对话框中选择"左上角像素颜色"单选按钮,裁切顶、底、左、右4个方向的图像,单击"确定"按钮即可,如图3.10所示。

(a)原图　　　　　　　　　　(b)裁切窗口　　　　　　　　　(c)裁切后

图 3.10　裁切

3.1.4　实操案例:裁剪图像

使用Photoshop可以对图像进行裁剪,从而突出图片中的主体,本案例利用裁剪工具裁剪图像。

【step1】 按 Ctrl+O 快捷键打开图 3-1. jpg,如图 3.11 所示。

【step2】 在工具栏中选择裁剪工具,或按 C 键,图像上会出现裁剪框,如图 3.12 所示。

图 3.11　打开图像　　　　　　　　　图 3.12　选择裁剪工具

【step3】 在属性栏中单击 按钮,在下拉列表中选择"比例"选项,然后将光标置于裁剪框上,即可对图像进行裁剪,如图 3.13 所示。

【step4】 设置完成裁剪框后,单击属性栏右侧的 ✓ 按钮,即可完成图像裁剪,如图 3.14 所示。

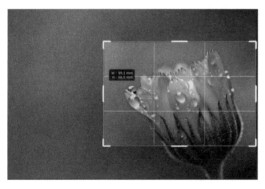

图 3.13　设置裁剪范围　　　　　　　　图 3.14　裁剪图像

3.2　变换与变形

视频讲解

Photoshop 提供了用于多种变形的工具,如"编辑"菜单中的"变换""自由变换""操控变形"命令等,通过这些命令,可以对图像进行缩放、旋转、斜切、扭曲、透视、变形等操作。本节将详细讲解这些命令的具体用法,并利用这些命令完成科技感翅膀的制作,如图 3.15 所示。

3.2.1　变换

选择某一图层,执行"编辑"→"变换"命令,当光标置于"变换"命令中,软件会自动调出下级菜单,在此二级菜单中任选一种变换形式,所选图层的图像边缘出现变换定界框,定界框中心有一中心点,四周有控制点。将光标移动到定界框上,按住鼠标左键并拖动即可对图

图 3.15 科技感翅膀

图 3.16 "变换"命令定界框

像进行相应样式的变换,如图 3.16 所示。

值得注意的是,定界框中心点默认为中心位置,各种变换操作都是以此为中心。将光标置于中心点上,按住鼠标左键可以拖动中心点,中心点改变,变换操作的中心也改变。当执行"变换"命令后,如果中心点隐藏,通过执行"编辑"→"首选项"→"工具"命令,在窗口中勾选"在使用变换时显示参考点"复选框即可使中心点显示,按住 Ctrl 键的同时将光标置于中心点上,移动鼠标即可移动中心点,如图 3.17 所示。

图 3.17 移动中心点

1. 缩放

选择需要缩放的图层,执行"编辑"→"变换"→"缩放"命令,将光标置于变换定界框的任意一条边上,按住鼠标左键并拖曳即可对选择的图像进行等比例缩放,如图 3.18 所示。

按住 Shift 键的同时拖曳定界框即可对选择的图像进行缩放操作,这种操作会改变图

图 3.18　等比例缩放

像的长宽比例,导致图像变形。将光标置于变换定界框任意一个角上,按住鼠标左键并拖动,即可以同时缩放两个相交轴向,这种缩放操作也会导致图像变形,如图 3.19 所示。

图 3.19　缩放

　　按住 Alt 键,然后将光标置于变换定界框的任意一个角上,按住鼠标左键拖动,可以对图像进行以中心点为基准的等比例缩放。

　　若要精确缩放大小,在选择"缩放"选项后,在属性栏中输入参数即可,如图 3.20 所示。单击"百分比参数"两个值中间的 🔗 按钮,然后输入数值,即可对图像进行精确的等比例缩放操作。

调整中心点　　　　　　　　　旋转角度

X: 258.00　△　Y: 232.00　W: 100.00%　🔗　H: 100.00%　∠ 0.00　度　H: 0.00　度　V: 0.00　度　插值：两次立方　🔒 ⊘ ✓

百分比参数　　　　　　　　斜切角度

图 3.20　精确缩放

2. 旋转

　　选择需要旋转的图层,执行"编辑"→"变换"→"旋转"命令,将光标置于变换定界框以外的位置,此时光标变为 ↱ 形状。按住鼠标左键拖动,即可旋转图像,如图 3.21 所示。

　　若要精确旋转,可以在属性栏中的"旋转角度"文本框中输入具体角度值。

3. 斜切

　　选择需要斜切的图层,执行"编辑"→"变换"→

图 3.21　旋转

"斜切"命令,将光标置于定界框上,此时光标变为  形状,按住鼠标左键拖动即可对图像进行斜切操作,如图 3.22(a)所示。除此以外,还可将光标置于定界框的定界点上,按住鼠标左键拖动,即可对图像进行斜切操作,如图 3.22(b)所示。

(a)定界框斜切　　　　　　　　　　(b)定界点斜切

图 3.22　斜切

　　值得注意的是,斜切只能在水平或垂直方向上对图像进行倾斜操作,若要在更多方向上对图像进行变换操作,可以执行"扭曲"命令。

　　4. 扭曲

　　选择需要扭曲的图层,执行"编辑"→"变换"→"扭曲"命令,将光标置于定界框或定界点上,按住鼠标左键拖动即可,如图 3.23 所示。"扭曲"操作可以在任意方向上进行。

　　5. 透视

　　透视效果是由视觉引起的近大远小的差异。选择需进行透视操作的图层,执行"编辑"→"变换"→"透视"命令,按住鼠标左键拖曳定界框上的 4 个控制点,可以在水平或垂直方向上对图像进行透视变换,如图 3.24 所示。

图 3.23　扭曲　　　　　　　　　　图 3.24　透视

　　6. 变形

　　执行"编辑"→"变换"→"变形"命令,图像上将会出现变形网格和锚点,拖曳锚点或调整锚点的方向线即可对图像进行变形操作,如图 3.25 所示。

　　7. 其他变换

　　执行"编辑"→"变换"命令,可以在右侧子菜单中选择"旋转 180 度""顺时针旋转 90 度""逆时针旋转 90 度"选项,使用这些选项可以将预设好的旋转角度直接运用于图像中。除了

图 3.25　变形

以上选项,还可以选择"水平翻转"和"垂直翻转"选项。"水平翻转"是将图像以 Y 轴为对称轴进行翻转,"垂直翻转"是将图像以 X 轴为对称轴进行翻转,如图 3.26 所示。

(a) 原图　　　　　　　　　(b) 水平翻转　　　　　　　　　(c) 垂直翻转

图 3.26　翻转

3.2.2　自由变换

除了执行以上"变换"命令可以对图像进行变换操作外,通过执行"自由变换"命令也可以对图像进行变换。执行"编辑"→"自由变换"命令,或按 Ctrl+T 快捷键,即可对图像进行变换操作。

1. 初始状态下的变换操作

在不选择任何变换方式和不按任何快捷键的情况下,将光标置于定界框的 4 条边上,按住鼠标左键拖动时,可以对图像进行缩放操作,若将光标置于 4 个控制点上,按住鼠标左键拖曳,则可以同时缩放两个相交轴向。将光标放在定界框外,按住鼠标左键拖曳,可以旋转图像。

2. 选择某一项变换操作

按 Ctrl+T 快捷键调出变换定界框后,右击,在弹出的快捷菜单中可以选择具体的变换方式,如图 3.27 所示。此种操作与 3.2.1 节中运用"变换"命令后的各种具体变换方式相同。

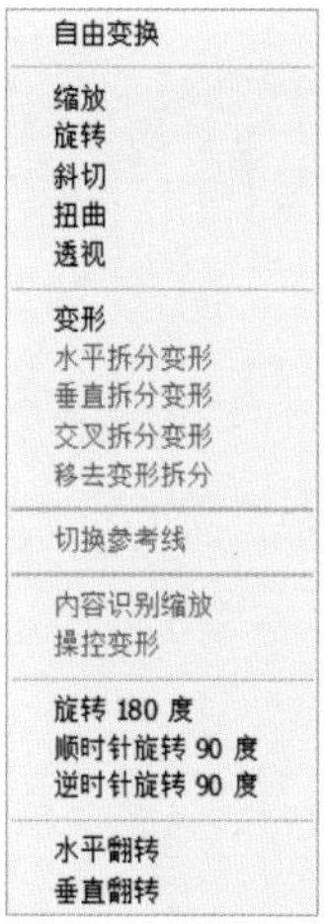

图 3.27　具体选项

3. 使用快捷键进行变换操作

运用"自由变换"命令进行变形操作时,配合相关快捷键可以在很大程度上提高工作效率。常用的快捷键为 Ctrl、Shift、Alt 以及相应的复合搭配,如表 3.1 所示。

表 3.1　自由变换快捷键

快 捷 键	作 用
Shift	将光标置于定界框的控制点上,按住 Shift 键的同时,按住鼠标左键并拖曳鼠标,即可使图像等比例缩放变换。若将光标置于定界框外,按住 Shift 键的同时,按住鼠标左键并拖曳鼠标,即可使图像以 15°为单位旋转
Ctrl	将光标置于定界框的控制点上,按住 Ctrl 键的同时,按住鼠标左键并拖曳鼠标,即可对图像进行扭曲变换
Alt	将光标置于定界框的控制点上,按住 Alt 键的同时,按住鼠标左键并拖曳鼠标,可以使图像以中心点为基准进行变换
Shift+Alt+Ctrl	将光标置于定界框的控制点上,按住 Shift+Alt+Ctrl 快捷键的同时,按住鼠标左键拖曳鼠标,可以使图像发生透视变换

4. 使用自由变换复制图像

在 Photoshop 中可以使用自由变换复制图像,这一组图像会延续第一次变换操作的相关设置,从而实现一种特殊效果。

选择需要复制的图层,按 Alt+Ctrl+T 快捷键,然后执行需要的变换操作,按 Enter 键完成变换,此时图层面板中自动新增一个图层,图层上的图像为变换后的图像。图 3.28(a)所示为原图,按 Alt+Ctrl+T 快捷键后,按住 Alt 键将中心点移动到定界框底边的中点,将图片旋转 30°后,按 Enter 键,如图 3.28(b)所示。

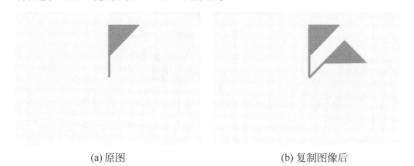

(a) 原图　　　　　　　　　　(b) 复制图像后

图 3.28　自由变换复制图像

按 Shift+Alt+Ctrl+T 快捷键,可以连续复制该变换操作控制下的图像,如图 3.29 所示。

图 3.29　连续复制

3.2.3　操控变形

使用 Photoshop 中的"操控变形"命令,可以对图像的形态进行细微调整。打开一张带有人物的图像,选择人物图层,执行"编辑"→"操控变形"命令,图像上会布满网格,如图 3.30 所示。

(a) 原图　　　　　　　　　　(b) 变形网格

图 3.30　操控变形

单击网格的关键点,即可建立图钉。按住鼠标左键拖动图钉,可以使对应位置的图像发生变形。另外,若要使某些部位不被影响,在这些部位添加图钉,可以起到固定的作用,如图 3.31 所示。

(a) 添加图钉　　　　　　　　　(b) 变形后

图 3.31　操控变形过程

若要删除图钉,先将光标置于要删除的图钉上,按 Delete 键,或右击并在弹出的快捷菜单中选择"删除该图钉"选项即可。

3.2.4　实操案例:科技感翅膀

在 Photoshop 中,变换与变形是十分常见的操作,因此掌握这些方法显得尤为重要。本次案例运用变换的相关命令制作精美图片。

【step1】　打开素材图 3-2.psd,并新建尺寸为 1000×1000 像素、分辨率为 72 像素/英寸、颜色模式为 RGB 颜色、背景内容为黑色的画布,如图 3.32 所示。

【step2】　选择图 3-2.psd 文件中的"图层 1"图层,按 Ctrl+C 快捷键复制该图像,将当前窗口切换为新建的文档画布,按 Ctrl+V 快捷键将复制的图像粘贴到该画布中,如图 3.33 所示。

【step3】　选择"图层 1",按 Ctrl+T 快捷键,将光标置于中心点上,按住鼠标左键,将中

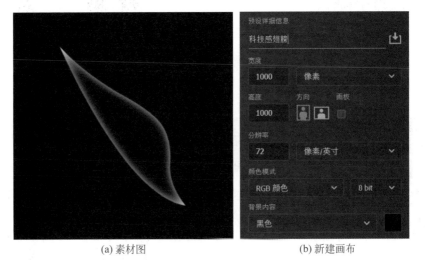

(a) 素材图　　　　　　　　　　(b) 新建画布

图 3.32　打开素材与新建画布

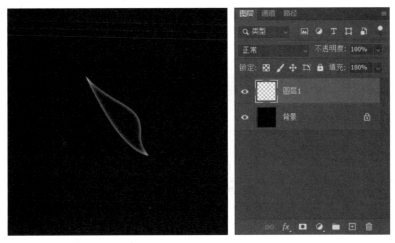

图 3.33　复制粘贴图像

心点拖到定界框右上角,如图 3.34(a)所示。右击,在弹出的快捷菜单中选择"垂直翻转"选项,结果如图 3.34(b)所示。

【step4】　按 Alt+Ctrl+T 快捷键,将中心点移动到定界框的右上角,然后将光标置于定界框外,将图像顺时针旋转大约 14°,如图 3.35 所示。

【step5】　将光标置于定界框左下角的控制点上,向外轻微拖动,使图像稍微拉长,如图 3.36 所示,按 Enter 键完成变换。

【step6】　按 Shift+Alt+Ctrl+T 快捷键进行复制,多次执行该项操作,直到绘制 6 个羽毛状的图像为止,如图 3.37 所示。按住 Shift 键的同时,单击图层面板中的"图层 1"与最顶层图层,此时选择这 6 个图层,按 Ctrl+E 快捷键,将选择的图层合并。

【step7】　双击合并后的图层名称,将该图层命名为"左侧翅膀"。执行"编辑"→"变换"→"缩放"命令,将光标置于定界框的右上角控制点,按住 Shift 键的同时,按住鼠标左键向内拖动,将该图像等比例缩小,如图 3.38 所示。

【step8】　按 Ctrl+J 快捷键复制该图层,将复制得到的图层以图像最右侧处为中心点,

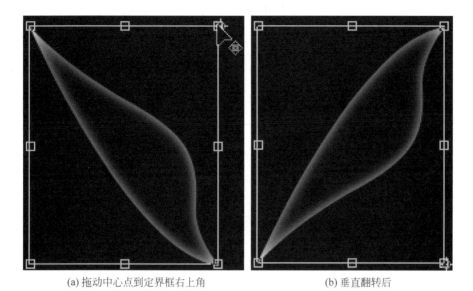

(a) 拖动中心点到定界框右上角   (b) 垂直翻转后

图 3.34　垂直翻转

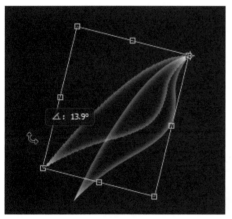

图 3.35　旋转并复制图像

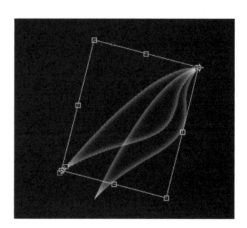

图 3.36　图像变换

图 3.37　复制图像

(a) 重命名   (b) 缩小

图 3.38　"变换"命令

第 3 章

图像操作

旋转约 3°,然后执行"滤镜"→"模糊"→"径向模糊"命令(具体内容将在后面章节详细讲解),参数如图 3.39(a)所示,得到的图像如图 3.39(b)所示。

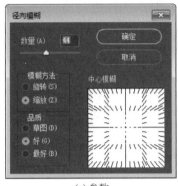

(a) 参数　　　　　　　　　　　　　　(b) 得到的图像

图 3.39　模糊操作

【step9】　选择这两个图层,按 Ctrl+G 快捷键将图层编组,按 Ctrl+J 快捷键复制此图层组,按 Ctrl+T 快捷键调出定界框,右击,在弹出的快捷菜单中选择"水平翻转"选项,再将复制得到的图层组水平移动到合适位置,如图 3.40 所示。

图 3.40　成品翅膀

【step10】　打开素材图 3-3.png,然后将绘制的翅膀图案运用在素材中,如图 3.41 所示。

图 3.41　效果图

【step11】　在工具栏中选择裁剪工具,对画布进行裁切,如图 3.42 所示。

【step12】　在工具栏中选择矩形工具,绘制一个矩形,在属性栏中将矩形的填充设置为"无",将描边颜色设置为白色,描边粗细设置为 40 像素,如图 3.43 所示。

图 3.42　裁切画布

图 3.43　绘制矩形并设置描边

【step13】　在工具栏中选择文字工具,输入"happy life time",在属性栏中将字体设置为花体(推荐字体 Burgues Script),适当调整文字的位置和大小,将文字移动到画布居中的位置,如图 3.44 所示。

【step14】　使用与 step13 同样的方法,输入"TRAVEL",适当调整文字大小和位置,将文字字体设置为一种创意字体(推荐字体 Goudy Stout),在图层面板中将该图层的不透明度设置为 20%。在图层面板中选择该文字图层,右击,在弹出的快捷菜单中选择"转换为形状"选项,然后在工具栏中选择形状工具,在属性栏中将填充设置为"无",然后将描边颜色设置为白色,描边粗细设置为 4 像素,效果如图 3.45 所示。

图 3.44　创建文字

图 3.45　效果图

视频讲解

3.3　撤销操作与辅助工具

随着手机的普及与互联网的发展,人们越来越多地运用微信、QQ 等聊天软件与亲朋好友沟通,当发送的消息有误时,可以对消息进行撤销操作。同样地,在 Photoshop 中绘制图

第 3 章

图像操作

像时,也可以撤销相应的操作。

3.3.1 还原与重做

执行"编辑"→"还原"命令,或按 Ctrl+Z 快捷键,可以撤销最近一步的操作,如图 3.46 所示。当执行过"还原"命令后,再次执行"还原"命令时,选项栏中会提示前一步的具体操作,如"还原新建文字图层"。连续按 Ctrl+Z 快捷键可以连续还原之前的操作。

执行"编辑"→"重做"命令,或按 Shift+Ctrl+Z 快捷键,可以取消还原操作,如图 3.47 所示。值得注意的是,"重做"命令只有在上一步为还原操作的前提下进行。

| 图 3.46 还原 | 图 3.47 重做 |

执行"文件"→"恢复"命令,可以直接将文件恢复到最后一次保存时的状态,或返回刚打开文件时的状态。

3.3.2 历史记录面板

执行"窗口"→"历史记录"命令,即可弹出历史记录面板,如图 3.48 所示,图标为 。在默认面板状态下,历史记录面板的图标位于文档窗口的右上方,单击该图标,即可调出历史记录面板。

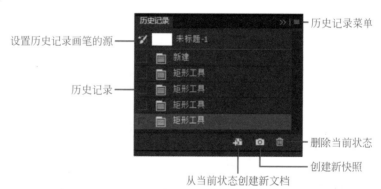

图 3.48 历史记录面板

在历史记录面板中记录了图像编辑的操作步骤,单击某一项操作记录,即可使图像回到该操作的状态,在没有进行下一步操作的情况下,可以使图像回到此操作记录之后的任意操作步骤时的状态。关于历史记录面板中的各元素解释如表 3.2 所示。

表 3.2 历史记录面板各元素

元　　素	作　　用
设置历史记录画笔的源	代表打开或新建图像的原始状态
历史记录	具体的操作步骤
从当前状态创建新文档	单击此按钮,其他历史记录清空,选择的步骤为第一步

元　　素	作　　用
创建新快照	为当前图像的状态新建一个快照,以便可以随时返回该操作时的图像状态
删除当前状态	删除选择的以及其后的所有操作记录
历史记录菜单	单击此按钮,可以在子菜单中选择具体操作

3.3.3　辅助工具

在 Photoshop 中,可以使用辅助工具协助绘制图像。软件提供的标尺与参考线功能可以准确定位,也能协助用户准确找到形状或选区的中心点。

执行"视图"→"标尺"命令,或按 Ctrl＋R 快捷键,可以在窗口顶部与左侧出现标尺,如图 3.49 所示,再次按 Ctrl＋R 快捷键可以将标尺隐藏。

图 3.49　标尺

将光标置于标尺上,按住鼠标左键在垂直或水平方向上拖动,即可新建参考线,如图 3.50 所示。使用移动工具移动图层上的图像时,当图像接近参考线时,图像会自动吸附到参考线上。另外,新建参考线时,在鼠标拖动过程中,参考线会自动吸附中心点,有助于用户准确定位画布中心点或形状图层的中心点。

若要移动参考线,只需选择移动工具,然后将光标置于参考线上,按住鼠标左键拖动即可。若要删除某一条参考线,只需将该参考线拖到文档以外,松开鼠标即可。若要隐藏参考线,按 Ctrl＋H 快捷键即可,再按一次 Ctrl＋H 快捷键,即可取消隐藏。

执行"编辑"→"首选项"→"参考线、网格和切片"命令,可以设置参考线的颜色,如图 3.51 所示。

在"参考线"选项组下,可以设置画布和画板两种项目的参考线颜色。当创建的项目为画布时,单击"画布"后的颜色色块即可改变颜色;当创建的项目为画板时,单击"画板"后的颜色色块即可改变颜色。

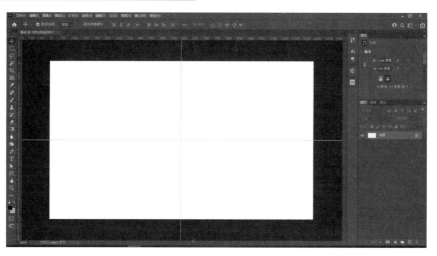

图 3.50　参考线

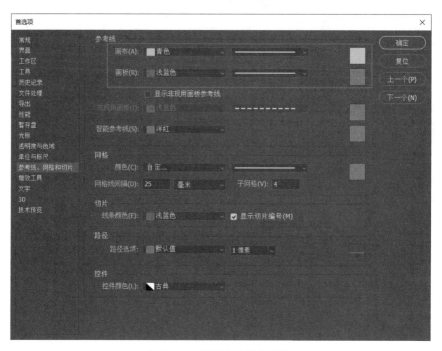

图 3.51　设置参考线的颜色

3.3.4 显示文档操作

在 Photoshop 中,文档窗口的区域是固定的。在实际绘制图像的操作中,经常需要将图像放大显示,以便更精确地进行相关操作;有时也需要缩小显示,以便观察整幅图像效果。

1. 缩小文档显示大小

使用缩放工具可以调整文档的显示大小,在工具栏底部选择缩放工具 ,或按 Z 键,在属性栏中单击"放大"按钮 或"缩小"按钮 ,将光标置于画布中,单击即可放大或缩小文档画布,如图 3.52 所示。

值得注意的是,使用缩放工具只是改变文档的显示大小,并不会改变文档画布的真实尺

图 3.52　缩放文档显示大小

寸。在不选中属性栏中的"细微缩放"的情况下,将光标置于画布中,按住鼠标左键拖动,可以放大框选部分的显示区域,如图 3.53 所示。

图 3.53　局部放大

除了可以使用缩放工具调整文档显示大小以外,还可以使用快捷键完成缩放操作。按 Ctrl＋＋快捷键可以放大图像显示,按 Ctrl＋－快捷键可以缩小图像显示。也可以先按住 Alt 键,然后滑动鼠标滚轮,来调整图像的显示大小。

2. 抓手工具

使用抓手工具可以调整画布在文档窗口中的位置。在工具栏中选择抓手工具![],将光标置于文档画布中,按住鼠标左键拖动,即可移动画布位置,如图 3.54 所示。

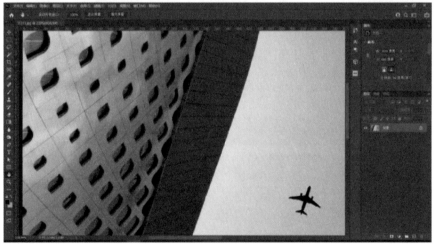

图 3.54　抓手工具

在使用其他工具进行图像编辑时,按住 Space 键可以切换到抓手状态,此时再按住鼠标左键拖动,也可以移动文档中的画布。

第4章　　　　　选　　区

本章学习目标

- 了解选区的基本功能。
- 熟练掌握基本选区工具的操作。
- 学习高级选区工具的操作方法。
- 熟练掌握选区的常规操作。

选区是 Photoshop 图像处理中的核心功能之一。通过各种选区工具为图像添加选区，可以改变图像的局部，而使选区外的图像不受影响，同时也可以运用选区进行抠图。本章将指引读者了解选区的相关知识和操作，熟悉抠图的多种方法，为后面章节的学习奠定基础。

4.1　认　识　选　区

视频讲解

在一幅海报作品中，文字和图片是基本的组成要素。如果要设计一张健身房促销海报，分析项目的特性和构图后，可以将一个运动的人物作为画面的主体，此时就需要找到一张适合的素材，然后使用选区工具围绕主体创建选区，然后按 Ctrl+J 快捷键将选区内的图像抠取出来。接下来介绍选区的基本功能和分类，帮助读者粗略认识选区的基本概念。

使用 Photoshop 处理图像时，选区是十分重要的一项功能，若将一个图像载入选区，则在该图像边界会出现黑色的蚂蚁线。利用选区不仅可以单独修改选区内的图像，同时保证选区外的内容不受影响，还可以将需要的元素从复杂的图像中分离出来。另外，将一个图层载入选区，与其他图层进行对齐与分布操作时，将以载入选区的图层为参照标准。

1. 限制作用区域

在使用 Photoshop 制作或修改图像时，往往需要对图像的某一部分进行编辑和修改，这时应该先将需要修改的部分用选区框选，然后才能在不改变其他图像的前提下修改选区内的内容。如图 4.1 所示，选区内的图像颜色被修改，而选区外的图像颜色不变。

2. 抠图

抠图作为 Photoshop 中的常见操作，都是在选区工具的配合下完成的。不管使用何种方法抠图，都必须先将需要抠取部分的图像载入选区，然后按 Ctrl+J 快捷键将选区内的图像抠取出来。如图 4.2 所示，左侧图片是将需要抠取图像载入选区，右侧图片是抠取得到的元素，灰白相间的格子背景在 Photoshop 中代表透明的底。

3. 选择优先级

选区除了以上两种常用用法外，还可以用来选择优先级，此功能可以配合"对齐与分布"

图 4.1　选区的作用

图 4.2　抠图

功能使用。若将某一图层中的元素载入选区,那么"对齐与分布"都将以此选区为标准(详细说明见 2.3 节)。

4.2　选 区 工 具

视频讲解

Photoshop 提供了大量的选区工具,如选框工具、套索工具、快速选择工具、魔棒工具等,它们各有特点,针对不同特征的图像,可以选择最适用的选区工具。如果需要完成一张果蔬海报,可以将水果、蔬菜素材作为主视觉或辅助元素,此时选区工具的使用就必不可少,先将水果和蔬菜抠取出来,然后应用到果蔬海报中,再添加文字或点缀元素,即可完成一张果蔬海报的设计,如图 4.3 所示。

4.2.1　选框工具

选框工具 ▢ 包括矩形选框工具、椭圆选框工具、单行选框工具和单列选框工具,如图 4.4 所示。按 Shift+M 快捷键可以快速切换矩形选框工具与椭圆选框工具。

选择选框工具后,可以根据需要在属性栏中设置相关属性,如图 4.5 所示。

图 4.3　果蔬海报

图 4.4　选框工具分类

图 4.5　选框工具属性栏

选区运算按钮 ■■■■：单击"新选区"按钮 ■，可以创建一个新选区；单击"添加到选区"按钮 ■，可以在原有选区的基础上添加新创建的选区；单击"从选区中减去"按钮 ■，可以在原有选区的基础上减去当前绘制的选区；单击"与选区交叉"按钮 ■，可以保留选区之间的重合区域，去除不重合区域，此内容将会在 4.3 节详细讲述。

羽化：关于羽化的知识，将在 4.2.3 节详细讲述。

消除锯齿：通过插值方法添加像素，创建较平滑边缘选区。默认为选中状态，保持默认即可。

样式：包括正常、固定比例和固定大小选项，如图 4.6 所示。选择"正常"选项，可以通过鼠标拖曳绘制任意大小、比例的选区；选择"固定比例"选项，在其后方的"宽度"与"高度"文本框中设置宽高比例，绘制的选区宽高比例是固定的；选择"固定大小"选项，可以在其后方的"宽度"与"高度"文本框中设置宽高数值，绘制的选区为固定大小。

图 4.6　样式分类

先选择选框工具，然后按住鼠标左键在画布中拖动，即可创建一个选区，如图 4.7 所示。选框工具一般适用于选取外形为矩形、椭圆或圆形这类规则的元素。

图 4.7　选框工具

图 4.8　单列选框工具

在使用矩形选框工具时，若在鼠标拖动的同时按住 Shift 键，可以创建一个正方形选区；若在鼠标拖动的同时按住 Alt 键，可以创建一个以单击点为中心的矩形选区；若在鼠标拖动的同时按住 Shift＋Alt 快捷键，可以创建一个以单击点为中心的正方形选区。同样地，椭圆选框工具也如此。

单列与单行选框工具：绘制长或宽为 1 像素的选区，如图 4.8 所示。

4.2.2 套索选择工具

套索选择工具包括套索工具、多边形套索工具和磁性套索工具,如图 4.9 所示。按 Shift+L 快捷键,可以切换这 3 种选区工具。

套索选择工具的属性栏与选框工具的类似,重合的部分将不再赘述,如图 4.10 所示。

图 4.9 套索选择工具分类　　　　图 4.10 套索选择工具属性栏

1. 套索工具

套索工具与选框工具不同的是,选框工具预先设定选区形状,而套索工具不受形状的约束,可以根据需要自由绘制,常用于选取边缘精确度不高的素材文件。先选择套索工具 ◯,然后将光标放在画布中,接着按住鼠标左键并移动,松开鼠标即可创建闭合路径,如图 4.11 所示。

2. 多边形套索工具

多边形套索工具与套索工具类似,先选择多边形套索工具 ,在画面中单击建立起点,拖动光标并在需要转折的位置单击,最后需要将光标定位到起点位置,此时光标右下方有白色圆圈,单击以完成闭合选区的绘制,如图 4.12 所示。值得注意的是,如果在绘制选区过程中需要删除前一步的操作,按 Delete 键即可;若想终止选区的绘制,双击使已绘制的区域闭合,然后按 Ctrl+D 快捷键即可。

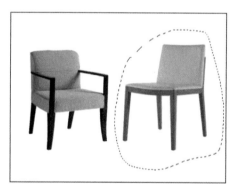

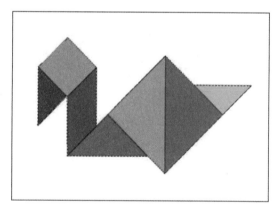

图 4.11 套索工具　　　　　　图 4.12 多边形套索工具

在实际项目中,使用多边形套索工具可以将照片中的人物粗略抠取出来,创建活泼、风格随意的图像,如图 4.13 所示。

3. 磁性套索工具

磁性套索工具是一种基于颜色创建选区的工具,适用于主体物颜色与背景颜色对比强烈的图像,如图 4.14 所示。

运用此工具创建选区时,先选择磁性套索工具 ,将光标定位到要绘制选区的起点处并单击,然后沿着目标图像的边缘拖动鼠标,磁性套索工具会自动辨识并创建锚点和路径,

图 4.13　风格随意的图像

图 4.14　磁性套索工具

当光标回到起点时单击闭合选区,即可创建选区。值得注意的是,若锚点建立错误,则按 Delete 键的同时使光标往回移动,即可删除错误锚点和路径;若想终止绘制选区,则双击使已绘制的区域闭合,然后按 Ctrl+D 快捷键即可。

4.2.3　对象选择工具、快速选择工具和魔棒工具

快速选择工具与魔棒工具都是基于色调和颜色差异来创建选区的,在图像满足二者适用要求的情况下,使用这两种工具可以快速地绘制选区,按 Shift+W 快捷键可以切换这两种工具,如图 4.15 所示。

图 4.15　对象选择工具、快速选择工具和魔棒工具

1. 对象选择工具

对象选择工具是功能强大的自动抠图工具,在工具栏中选择该工具后,在需要抠取的图像上绘制一个覆盖住该图像的矩形,软件会自动识别需要抠取图像的边缘,然后根据图像边缘生成选区,如图 4.16 所示。

2. 快速选择工具

快速选择工具适用于目标图像与背景颜色差异明显的情况,先选择快速选择工具 ,然后按住鼠标左键在需要建立选区的图像上拖曳,选区会跟随光标并向外扩展,自动识别该图像的边缘,如图 4.17 所示。

根据需要,可以设置快速选择工具的相关属性,如图 4.18 所示。接下来重点讲解常用属性。

图 4.16　对象选择工具抠取图片

图 4.17　快速选择工具

图 4.18　快速选择工具属性栏

　　选区运算按钮 ：单击"新选区"按钮 ，可以创建一个新选区；单击"添加到选区"按钮 ，可以在原有选区的基础上添加新创建的选区；单击"从选区中减去"按钮 ，可以在原有选区的基础上减去当前绘制的选区，此内容将会在 4.3 节详细讲述。

　　画笔选项 ：单击该按钮，可以在弹出的对话框中设置画笔的大小、硬度和间距等属性。一般地，改变画笔大小较常见，在英文输入法下，按[键和]键可以分别缩小和扩大画笔，其他属性使用默认值即可。

　　3. 魔棒工具

　　使用魔棒工具在图像中单击，即可选取颜色差别在容差范围内的区域，适用于抠取颜色单一、与背景颜色差异大的图像。使用魔棒工具可以快速地将目标元素选取出来，如图 4.19 所示。

　　魔棒工具创建选区十分方便快捷，根据需要，可以设置魔棒工具的相关属性，接下来介绍常用属性，如图 4.20 所示。

　　选区运算按钮 ：前 3 个按钮与快速选择工具中的选区运算按钮一样；第 4 个为"与选区交叉"按钮 ，可以保留选区之间的重合区域，去除不重合区域，此内容将在 4.3 节

图 4.19　魔棒工具抠图

图 4.20　魔棒工具属性栏

详细讲述。

取样大小：用来设置魔棒工具的取样范围，使用默认的"取样点"即可。

容差：决定所选像素之间的相似性，取值范围为 0～255。数值越小，对像素的相似度要求越高，选区范围越小；数值越大，对像素的相似度要求越低，选区范围越大。如图 4.21 所示，左侧图片容差值为 40，右侧图片容差值为 100。在实际项目中，需要根据实际需求进行调整。

图 4.21　容差

消除锯齿：通过插值方法添加像素，创建较平滑边缘选区。默认为勾选状态，保留默认即可。

连续：勾选时，只选择在容差范围内的相连区域；不勾选时，将选择整个图像中颜色差值在容差范围内的区域。如图 4.22 所示，左图代表勾选"连续"复选框，只选取与取样点相似的连接区域，右图代表不勾选"连续"复选框，选取整个图像中与取样点相似的区域。

图 4.22　连续

第 4 章

选　区

对所有图层取样:勾选该复选框,使用魔棒工具创建选区时,软件会对所有与图像中与单击部位相同属性的部分进行取样。一般保持默认不勾选即可。

4.2.4 钢笔工具创建选区

在实际工作中,需要抠取的图片边缘和背景往往比较复杂,选框工具、套索工具、快速选择工具等达不到精准抠图的需求,此时就需要使用钢笔工具进行抠图。

使用钢笔工具可以完成精细化抠图操作。打开一张素材图片,在工具栏中选择钢笔工具,在属性栏中将类型设置为"路径",然后将光标置于需要抠取图片的边缘,单击即可创建一个锚点,将光标移动到另一处边缘,按住鼠标左键并拖动,使两个锚点之间的路径与需要抠取图像的边缘重合,重复该操作,最后将光标移动到起点的位置,单击使路径闭合,如图 4.23 所示。

图 4.23 钢笔工具抠图

创建完成闭合路径后,按 Ctrl+Enter 快捷键将路径转换为选区,然后按 Ctrl+J 快捷键即可将选区内的图像抠取出来,如图 4.24 所示。

图 4.24 抠取素材

4.2.5 实操案例:果蔬海报

选框工具是选区工具的重要组成部分,由于此工具绘制的选区为相对固定的形状,因此适用于选取矩形、椭圆或圆形的图像。通过本次案例练习选框工具的基础操作。

【step1】 打开素材文件 4-1.psd,如图 4.25 所示。

图 4.25　打开素材文件

【step2】　在工具栏中选择矩形工具,在画布上绘制一个矩形,然后在软件右侧的属性面板中取消选择 ,取消将角半径值链接到一起,调整矩形的左下角和右下角的圆角数值,然后将该图层移动到果蔬素材的下层,如图 4.26 所示。

【step3】　在工具栏中选择钢笔工具,用鼠标左键长按钢笔工具图标,可以调出隐藏的其他工具,在工具列表中选择添加锚点工具 ,在矩形最上面一条边的中心位置单击,添加一个锚点,然后在工具栏中选择直接选择工具 ,向上移动新添加的锚点,如图 4.27 所示。

图 4.26　绘制矩形　　　　　　　　　　图 4.27　编辑矩形图层

【step4】　选择矩形图层,在工具栏中选择矩形工具,然后在属性栏中将矩形的填充颜色的色值设置为♯eebf79,将描边颜色设置为白色,设置描边大小,如图 4.28 所示。

【step5】　用鼠标左键长按矩形工具图标,在弹出的工具列表中选择椭圆工具,按住 Shift 键的同时进行绘制,创建一个正圆,使用移动工具移动圆形到适当的位置,将填充颜色的色值设置为♯71dfc6,描边颜色设置为白色,设置描边粗细,如图 4.29 所示。

【step6】 在工具栏中选择钢笔工具,在属性栏中类型中选择"形状"选项,绘制贯穿画布的横向线条,设置线条的描边粗细,按 Ctrl+J 快捷键复制该线条图层,按 Ctrl+Alt+T 快捷键调出变换定界框,连续按↓键使复制的线条向下移动,然后重复按 Ctrl+Shift+Alt+T 快捷键多次复制该线条,如图 4.30 所示。

图 4.28 设置矩形的填充描边色　　图 4.29 绘制圆形并设置　　图 4.30 创建多根线条
　　　　　　　　　　　　　　　　　　　　填充描边色

【step7】 在图层面板中选择第一根线条图层,按住 Shift 键的同时单击最后一根线条图层,同时选择所有的线条图层后,按 Ctrl+G 快捷键将这些图层进行编组,并将该图层组移动到绿色背景图层的上方,如图 4.31 所示。

图 4.31 移动图层位置

【step8】 在图层面板中选择横向线条图层组,按 Ctrl+J 快捷键复制该图层组,然后按 Ctrl+T 快捷键调出自由变换定界框,将鼠标光标移动到定界框 4 个角的外侧,按住 Shift

键的同时移动鼠标,使复制的线条旋转 90°,按住 Shift 键适当拉长线条,如图 4.32 所示。

　　【step9】　在工具栏中选择横排文字工具,输入"果蔬便利店",在属性栏中将文字的字体设置为圆体(推荐字体为字魂萌萌哒体),适当调整文字的大小,将填充颜色设置为♯37b8c7,如图 4.33 所示。

　　【step10】　再次使用横排文字工具输入"新鲜食材",适当调整文字的大小和位置,将文字填充颜色设置为白色,如图 4.34 所示。

图 4.32　复制图层组

图 4.33　输入并设置标题

图 4.34　输入并设置副标题

　　【step11】　使用文字工具创建其他文字信息,适当调整文字的属性,如图 4.35 所示。

　　【step12】　用鼠标左键长按矩形工具图标,在工具列表中选择多边形工具,在属性栏中将多边形的边数设置为 20,将圆角参数值设置合适大小,单击 ⚙ 按钮,将"星形比例"的参数值设置为 70%,在画布中绘制形状,将多边形的填充颜色设置为♯fd8401,如图 4.36 所示。

　　【step13】　使用文字工具编排优惠信息,如图 4.37 所示。

图 4.35　创建并调整其他文字

图 4.36　绘制多边形

图 4.37　编排优惠信息

【step14】 打开素材图 4-2.png,在工具栏中选择椭圆选框工具,将素材图中的左上侧的橘子抠取出来,然后将抠取出来的橘子素材复制到项目文件中,如图 4.38 所示。

图 4.38　抠取素材

【step15】 打开素材图 4-3.png,将素材复制到项目文件中,按 Ctrl＋T 快捷键调出自由变换定界框,适当调整素材的大小,使用移动工具适当移动素材的位置,复制素材图层,进行适当的变换,如图 4.39(a)所示。同时选择除了青色背景和网格外的所有其他图层,按 Ctrl＋T 快捷键调出自由变换定界框,适当旋转选择的所有元素,最终效果如图 4.39(b)所示。

(a) 复制素材图层　　　　　　　　　　　　(b) 最终效果

图 4.39　水果素材海报

4.3 操作选区

4.2节学习了Photoshop中选区工具的使用,本节将继续学习关于选区的操作,这些操作可以在使用选区工具绘制选区的基础上,使选区更符合使用者的期望。本节在讲解选区操作的基础上,利用这些操作完成饮品海报的制作,如图4.40所示。

4.3.1 选区的基本操作

使用选区工具绘制好闭合选区后,可以对选区进行再操作,例如取消、移动、变换、反选选区及进行选区布尔运算等。本节将详细讲解关于选区的基本操作,读者可以在掌握本节内容后灵活操作选区。

1. 取消选区与重新选择

执行"选择"→"取消选择"命令或按Ctrl+D快捷键可以取消选区,蚂蚁线消失;执行"选择"→"重新选择"命令,可以将取消的选区恢复。

2. 载入选区

若要将某个图层载入选区,按住Ctrl键的同时,单击图层缩览图即可,如图4.41所示。

图 4.40 饮品海报

图 4.41 载入选区

3. 全选

执行"选择"→"全部"命令或按Ctrl+A快捷键可以全选,选区的边界为画布的边界。值得注意的是,这里的全选并不是选择所有图层中的图像,而是选择所选图层的所有图像。此操作常用在将图层中的元素以画布为标准的中心对齐操作上,如图4.42所示。

4. 反选

当需要抠取的图像颜色或边界较为复杂而背景颜色单一时,可以先使用选区工具选择

图 4.42　全选

背景部分,然后执行"选择"→"反向选择"命令或按 Ctrl+Shift+I 快捷键,即可先选择需要抠取的部分,如图 4.43 所示。若要将公路以外的图像载入选区,可以先选择公路图像,然后执行反选操作。

图 4.43　反选

5. 移动选区

　　使用选框工具绘制选区时,在松开鼠标前,可以按住 Space 键拖曳鼠标移动选区。选区绘制完成后,也可移动该选区,如图 4.44 所示。值得注意的是,移动选区需要将光标置于蚂蚁线框内,然后按住鼠标左键拖动即可,也可使用键盘中的上、下、左、右键以 1 像素的距离精确移动。

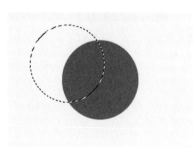

图 4.44　移动选区

6. 变换选区

绘制完成一个闭合选区,通常情况下需要进行再次调整,才能完全契合所要选择的图像。在 Photoshop 中提供了"变换选区"功能,此功能类似第 2 章中讲述的"自由变换"。

先绘制一个选区,然后右击,在弹出的快捷菜单中选择"变换选区"选项,调出定界框,根据需求拖曳定界框上的控制点,按 Enter 键或单击属性栏右侧的 ☑ 按钮即可,如图 4.45 所示。

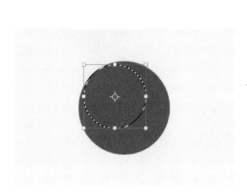

图 4.45 变换选区

值得注意的是,在缩放选区时,按住 Shift 键可以等比例缩放选区,按住 Shift+Alt 快捷键可以以中心点等比例缩放选区。

7. 羽化

羽化原理是令选区内外衔接的部分虚化,起到渐变的作用,从而达到自然衔接的效果。绘制的羽化选区与无羽化的选区表面上没有明显区别,当在抠取图像时才会有明显差异。图 4.46(a)为选区无羽化时抠取的图像,图 4.46(b)为选区羽化时抠取的图像。

(a) 无羽化   (b) 羽化

图 4.46 羽化效果

选区的羽化可以在绘制选区前在工具属性栏中设置羽化值,也可以在选区绘制完成后右击,在弹出的快捷菜单中选择"羽化"选项,然后输入羽化值,也可按 Shift+F6 快捷键快速调出"羽化"对话框。

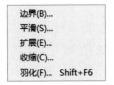

图 4.47 编辑选区的形态

8. 编辑选区的形态

选区绘制完成后,可以对选区进行调整,执行"选择"→"修改"命令,在子菜单中可以选择需要的选项,如图 4.47 所示。

边界:此命令可以将选区的边界向外扩展,扩展后的选区边界与原来的选区形成新的选区,如图 4.48 所示。宽度设置的参数值越大,新选区的范围越大。

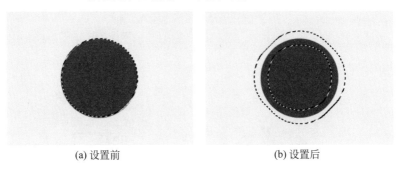

(a) 设置前 (b) 设置后

图 4.48 边界

平滑:此命令可以将选区边缘进行平滑处理,如图 4.49 所示。

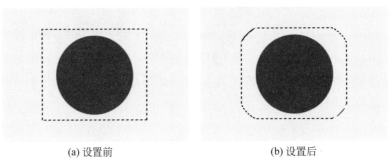

(a) 设置前 (b) 设置后

图 4.49 平滑

扩展:此命令可以使选区向外扩展,如图 4.50 所示。与"扩展"命令相反,"收缩"命令可以使选区向内收缩。

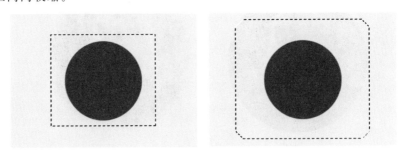

图 4.50 扩展

9. 选区的布尔运算

在数学中,可以对数字进行加、减、乘、除运算。同样地,在 Photoshop 中,也可以对选区进行相加、相减、相交的运算,称为布尔运算,如图 4.51 所示。

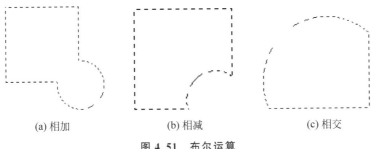

(a) 相加   (b) 相减   (c) 相交

图 4.51　布尔运算

布尔运算可以通过"选框工具""套索工具""魔棒工具"的属性栏进行设置,如图 4.52 所示。

新选区:选择选区工具,然后在属性栏中单击此按钮,可以在画布中绘制新选区,若画布中已存在选区,则之前的选区将被删除。

添加到选区:单击此按钮,可以将当前的选区添加到原来选区中(按住 Shift 键再在画布上绘制也可以实现同样效果)。若两个选区相交,则得到的选区为二者相加;若两个选区中一个包含另一个,则被包含的选区无效,如图 4.53 所示。若之前没有选区,那么会建立新选区。

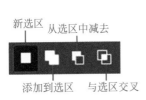

图 4.52　选区工具属性栏

图 4.53　添加到选区

从选区中减去:单击此按钮,可以将当前的选区从原来选区中减去(按住 Alt 键再在画布上绘制也可以实现同样效果)。若两个选区相交或原来的选区包含当前选区,则得到的选区为原来的选区减去当前的选区;若两个选区相离或当前选区包含原来选区,则无法建立选区,如图 4.54 所示。

与选区交叉:单击此按钮,新建选区只保留与原选区相交叉的部分(按住 Shift+Alt 快捷键再在画布上绘制也可以实现同样效果)。若两个选区相交或两个选区为包含关系,则得到的选区为原来的选区与当前的选区的重合部分,如图 4.55 所示;若两个选区相离,则无法建立选区。

图 4.54　从选区中减去

图 4.55　与选区相交

4.3.2 选区内图像的基本操作

4.3.1节详细阐述了选区的基本操作,本节将详细讲解关于选区中的图像的基本操作,包括复制、删除、移动选区中的图像。

1. 复制、粘贴选区中的图像

使用选区工具抠图时,先选择需要抠取的图像,按 Ctrl+J 快捷键复制选择的图像,并自动建立一个图层,即抠图操作。除此以外,使用 Ctrl+C 快捷键复制选区内图像,然后按 Ctrl+V 快捷键粘贴复制的图像,也能达到前者操作的效果,如图 4.56 所示。

图 4.56　复制、粘贴选区中的图像

2. 移动选区中的图像

利用选区工具绘制好闭合选区后,可以移动选区中的图像,发挥选区的限制作用区域功能。按住 Ctrl 键的同时,按住鼠标左键拖动,即可移动选区中的图像,如图 4.57 所示。与抠图不同的是,这种操作不会形成新的图层。

图 4.57　移动选区中的图像

3. 删除选区中的图像

选区中的图像可以删除,按 Delete 键即可。

4.3.3 实操案例: 饮品海报

在实际项目中,使用钢笔工具抠图是常用的操作,读者需要熟练掌握使用钢笔工具抠图。本案例使用钢笔工具抠出照片中的饮品素材,然后将抠取出来的素材复制到文件中作为图像的主体,在画布中创建主标题和其他阅读性文案,再添加装饰性图案,即可完成一张较为美观的饮品海报。接下来详细讲解操作步骤。

【step1】 打开 Photoshop,执行"文件"→"新建"命令,将画布尺寸设置为 950×1660 像素,将文件名称设置为"饮品海报",单击"创建"按钮,如图 4.58 所示。

【step2】 打开素材图 4-4.png,如图 4.59 所示。

图 4.58　新建文件

图 4.59　打开素材图片

【step3】　在工具栏中选择钢笔工具,在属性窗口中将类型设置为"路径",适当放大图像在窗口中的显示,然后使用钢笔工具沿着盛放饮品的杯子边缘绘制闭合路径,如图 4.60所示。

【step4】　按 Ctrl+Enter 快捷键将路径转换为选区,然后按 Ctrl+J 快捷键将选区中的图像抠取出来,如图 4.61 所示。

图 4.60　绘制闭合路径

图 4.61　抠取素材

【step5】　将抠取的图片复制到新建的文件中,适当调整图片的大小和位置。打开素材图 4-5.png,将该图像复制到项目文件中,并将该图层移动到"背景"图层的上方,如图 4.62所示。

【step6】　打开素材图 4-6.png,将该素材复制到项目文件中,适当调整位置和大小,添加下单二维码,最终效果如图 4.63 所示。

图 4.62　复制素材

图 4.63　效果图

第 5 章

填充与绘画

本章学习目标

- 了解前景色与背景色,掌握其相关操作。
- 熟练掌握画笔工具和橡皮擦工具的使用。
- 掌握渐变工具的使用。

Photoshop 作为图像处理领域最强大的软件之一,不仅可以对原始图像进行修改,还可以运用软件中的各种绘图工具绘制图像,从而创建一幅精美的作品。本章将详细介绍 Photoshop 中的几种位图编辑工具,包括拾色器工具、画笔工具、橡皮擦工具、渐变工具等。读者学习完本章内容,能够绘制色彩斑斓的图像。

5.1 前景色与背景色

视频讲解

在 Photoshop 中,工具栏底部的色块即为前景色色块与背景色色块,使用对应的快捷键可以将选区填充为前景色或背景色。本节将详细讲解前景色和背景色的设置方法,以及为选区填充颜色的快捷键。在本节的内容中,将利用前景色、背景色和选区绘制一张宠物店开业海报,如图 5.1 所示。

5.1.1 概念释义

在 Photoshop 中的工具栏底部有前景色与背景色图标,二者都是用来填充颜色的。根据位图编辑工具的不同,绘制图像的颜色有的为前景色,有的为背景色,如运用画笔工具在画布上绘制的图像,颜色填充为前景色;运用橡皮擦工具在背景图层上涂抹,涂抹区域填充为背景色。默认情况下,前景色为黑色,背景色为白色,如图 5.2 所示。

前景色:单击前景色颜色框 ■,可以在弹出的"拾色器"对话框中设置需要的颜色。

图 5.1　宠物店开业海报

背景色:单击背景色颜色框 ▢,可以在弹出的"拾色器"对话框中设置需要的颜色。

切换前景色与背景色:单击"切换"按钮 ⤴,或者使用 X 键切换。

默认前景色与背景色：单击"默认颜色"按钮 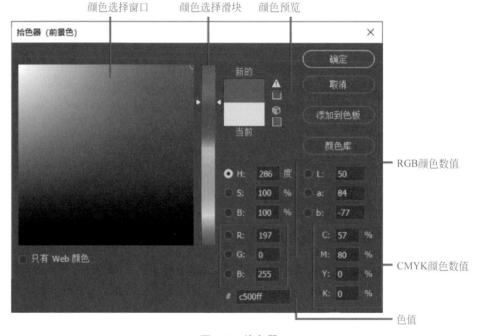，或者使用 D 键设置。

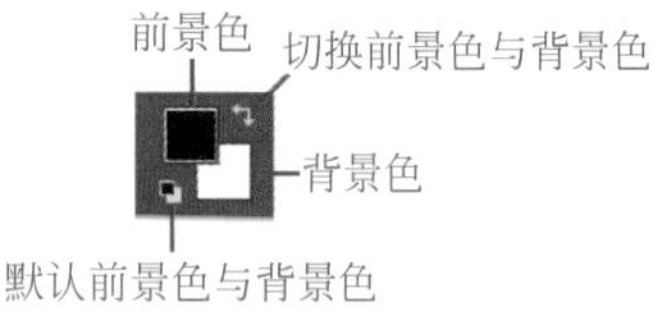

5.1.2 设置颜色

前景色与背景色可以根据实际需要进行设置,本节将介绍 3 种常用且便捷的方法,读者可以根据不同情形选择最适用的方法设置前景色与背景色。

1. 拾色器

单击前景色或背景色色块,即可弹出"拾色器"对话框,在此对话框中可以设置前景色或背景色。先使用颜色选择滑块,选择需要的颜色范围,然后在左侧的颜色选择窗口中选择具体的颜色,单击"确定"按钮即可,如图 5.3 所示。若已知所需颜色的十六进制数值,则可以在 ♯ 文本框中直接输入该值,单击"确定"按钮即可。

图 5.2 前景色与背景色

图 5.3 拾色器

颜色选择窗口：在该窗口中,通过单击即可选择一种颜色,从左至右是色相的选择,从上至下是明度的选择。

颜色选择滑块：拖动滑块即可改变当前拾取的颜色。

颜色预览：用来显示新的颜色与修改前的颜色。

RGB 颜色数值：通过红色、绿色、蓝色分量来选取颜色,在拾色器中分别输入 R、G、B 的值(范围为 0～255),即可确定所选颜色。

CMYK 颜色数值：通过青、品红、黄、黑 4 种标准颜色的分量设置颜色,在"拾色器"对话框中分别输入 C、M、Y、K 的值(范围为 0～100%),即可确定所选颜色。

色值：每一种颜色都有唯一的色值,通过直接输入色值也可确定颜色。

2. 使用吸管工具选取颜色

前景色与背景色除了可以在"拾色器"对话框中设置外，还可以通过吸管工具 ✍ 选取图像中的颜色，并将选取的颜色设置为前景色或背景色。

选择吸管工具 ✍（或按 I 键），在图像区域的目标颜色上单击，前景色即可变为所吸取的颜色。按住 Alt 键再单击，可以选取新的背景色，如图 5.4 所示。

(a) 吸取前景色   (b) 吸取背景色

图 5.4 吸管工具

值得注意的是，单击前景色或背景色色块后，工具面板中自动选择吸管工具，此时将光标置于图像中，也可吸取图像中的颜色，并将此颜色设置为前景色或背景色。

3. 绘画时选取颜色

在绘图过程中也可以快速更改颜色。执行"编辑"→"首选项"→"常规"命令，可以根据需要设置 HUD 拾色器，此处以"色相轮"为例。在"常规"选项中将 HUD 拾色器设置为"色相轮"，选择画笔工具 ✍ 等位图编辑工具，按 Shift＋Alt 快捷键，然后右击，即可调出色相轮。在色相轮外环中选择所需颜色，然后拖动鼠标至中间的颜色选择窗口，选择所需颜色，松开鼠标即可，如图 5.5 所示。

图 5.5 色相轮

值得注意的是，这种方法改变的是前景色，由于选择画笔工具、铅笔工具绘制图像时，填充颜色为前景色，因此通过 HUD 拾色器可以随时改变画笔颜色。

5.1.3 填充颜色

前景色与背景色都是用来填充颜色的，画笔工具、铅笔工具、橡皮擦工具都是在绘制过程中直接将图像填充为前景色或背景色。除此以外，前景色与背景色可与选区结合使用，用来填充选区的颜色，如图 5.6 所示。

使用选区工具绘制选区或将图层载入选区后，按 Ctrl＋Delete 快捷键可将该选区填充为背景色，按 Alt＋Delete 快捷键可将该选区填充为前景色，然后按 Ctrl＋D 快捷键取消选区即可。

值得注意的是，一个选区若被多次填充为不同颜色，选区边缘会出现杂色，使用高级填充即可避免和修正此问题。按 Ctrl＋Shift＋Delete 快捷键可以将选区填充背景色；按 Alt＋

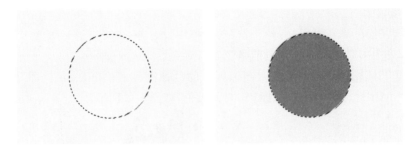

图 5.6　填充选区

Shift＋Delete 快捷键可以将选区填充前景色。

5.1.4　实操案例：宠物店开业海报

前景色与背景色在 Photoshop 中被广泛使用，其与选区的搭配使用更是常见。本案例将结合前景色、背景色与选区的相关知识，使用 Photoshop 绘制宠物店开业海报。

【step1】　新建大小为 1240×1780 像素、分辨率为 72 像素/英寸、颜色模式为 RGB 颜色、背景内容为白色的画布，然后按 Ctrl＋Shift＋Alt＋N 快捷键新建空白图层，如图 5.7 所示。

图 5.7　新建文件

【step2】　选择创建的空白图层，双击工具栏下方的前景色，在"拾色器"对话框中将色值设置为♯e9eef1，将空白图层填充为前景色，如图 5.8 所示。

【step3】 使用 Photoshop 打开素材文件 5-1. png,将该图片复制到项目文件中,使用移动工具适当调整该图像的位置,如图 5.9 所示。

图 5.8 填充图层   图 5.9 复制图像

【step4】 新建图层,选择画笔工具,在属性栏中将单击"画笔设置"图标 ▨,在弹出的对话框中选择"平滑"选项,然后在画笔属性窗口中将"平滑"的参数设置为 50%,单击属性栏中的 ● 图标,将画笔的"硬度"设置为 100%。双击"前景色"图标,在"拾色器"对话框中将色值设置为 #ffbc01,在英文输入法下按]键调整画笔的大小,然后在画笔上绘制色块,如图 5.10 所示。

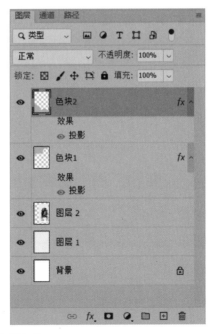

图 5.10 绘制色块

【step5】 在图层面板中选择"色块 1"图层,双击图层后方的空白处,在图层样式面板中选中"投影"选项,在投影属性中设置投影的方向、颜色等属性,如图 5.11 所示。

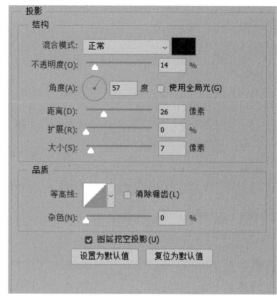

图 5.11　添加投影

【step6】　在工具栏中选择文字工具,分别输入"家""有""萌""宠",同时选择这 4 个文字图层,单击工具栏中的 ▣ 图标,在字符面板中的字体列表中选择萌趣软糖体(推荐字体,也可用其他字体),单击字符面板中的"颜色",将填充的颜色色值设置为♯00aea5,然后分别调整 4 个文字的大小、方向和位置,并将这 4 个文字图层进行编组,如图 5.12 所示。

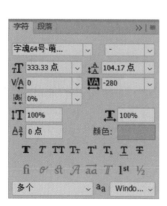

图 5.12　输入主标题并设置

【step7】　在工具栏中选择椭圆工具,绘制猫咪脚印的简笔画,将形状的填充颜色设置为♯00aea5,然后使用文字工具创建一个文字图层,输入"Cute Pets",适当调整文字的大小和方向,如图 5.13 所示。

【step8】　在图层面板中选择组成脚印的图层,按 Ctrl+J 快捷键复制这些图层,适当调整大小、方向和位置,如图 5.14 所示。

【step9】　打开素材图片图 5-2.png,将该图片复制到项目文件中,将该素材图片移动到画布的左下方,如图 5.15 所示。

图 5.13　绘制点缀元素

图 5.14　复制点缀元素

图 5.15　添加素材

【step10】　单击图层面板中的"新建"图标 ,在工具栏中选择画笔工具,将前景色设置为白色,在画笔工具属性栏中将画笔笔触大小设置为 8 像素,硬度设置为 100%,画笔样式设置为硬边缘画笔,然后为 step9 置入素材的轮廓绘制线条,如图 5.16 所示。

【step11】　打开素材图 5-3.png,使用文字工具输入促销文案,如图 5.17 所示。

【step12】　在灰色部分添加脚印点缀,丰富画面,如图 5.18 所示。

图 5.16　绘制线条

图 5.17　添加素材并输入促销文案

图 5.18　添加点缀元素

填充与绘画

【step13】 在工具栏中选择矩形工具,在画布中绘制一个矩形,在属性窗口中设置矩形的圆角参数,将描边颜色设置为♯00aea5,填充颜色设置为白色,然后输入文案,如图 5.19 所示。

【step14】 新建一个空白图层,使用画笔工具绘制一个对话框,描边颜色设置为♯00aea5,然后使用文字工具创建一个文字图层,输入"新店开业 萌宠当家",适当调整文字的大小,最终效果如图 5.20 所示。

图 5.19　添加文案

图 5.20　效果图

视频讲解

5.2　画笔工具

在日常生活中,画画总会用到各种各样的画笔,根据大小、粗细、软硬,画笔分为许多种类。同样地,在Photoshop 中,通过画笔工具可以绘制许多图像,本节将详细讲解画笔工具的基础知识和使用方法,并且利用画笔工具与其他工具创建一幅节气海报,如图 5.21 所示。

5.2.1　画笔工具属性栏

选择画笔工具 ,或按 B 键,在属性栏中设置相关参数,如图 5.22 所示,可以绘制多种艺术形式的图像。

画笔预设:单击 按钮,打开画笔下拉面板,在该面板中可以设置画笔的硬度、大小、笔尖,如图 5.23 所示。

画笔面板:单击 图标,弹出画笔设置和画笔面板。

模式:单击右侧的下拉按钮,可以选择混合样式,设置画笔绘制图像与画面的混合模式(将在后面章节中详细讲解混合样式的相关知识)。

不透明度:单击 按钮,在弹出的控制条 中拖动滑块,或在文本框中输入数值,可以对画笔的不透

图 5.21　冬至节气海报

图 5.22　画笔工具属性栏

明度进行设置。数值越小,画笔绘制的图像透明度越高。

　　流量:用于控制画笔绘制图像时运用颜色的速率,流量越大,速率越快。

　　喷枪模式:启用该模式,根据单击程度确定画笔线条的填充数量。

　　平滑:用来平滑绘制的线条。当参数值为 0 时,表示软件不会自动使绘制的线条平滑;当参数值不为 0 时,表示软件会自动平滑绘制的线条。

5.2.2　画笔设置面板

　　单击画笔工具属性栏中的 ◪ 图标,或执行"窗口"→ "画笔设置"命令,或按 F5 键,即可弹出画笔设置面板,如图 5.24 所示。

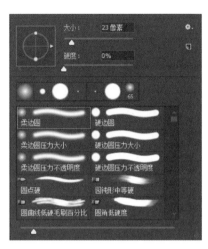

图 5.23　画笔预设

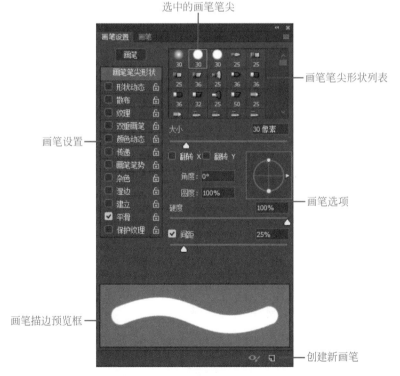

图 5.24　画笔设置面板

选中的画笔笔尖：当前选择的画笔笔尖。

画笔笔尖形状列表：在该列表中有多种可供选择的画笔笔尖，用户可以使用默认的笔尖样式，也可以载入新的样式。

画笔设置：选择画笔设置中的所需选项，单击名称，即可设置该选项下的具体参数。

画笔选项：在此选项中，可以设置画笔的相关属性。

画笔描边预览框：以上各项参数设置改变时，会在画笔描边预览框中实时显示画笔状态。

创建新画笔：通过以上各种参数设置的画笔形状可以保存为新画笔，以便在后续操作中使用。

5.2.3 设置画笔的笔尖类型

画笔工具可以通过设置相关参数和画笔笔尖，绘制出多种多样的图案。本节将详细讲解画笔设置面板中的画笔设置，由于此内容较多，读者学习时需要经常操作、试验，以熟悉各种参数的作用。

1. 画笔笔尖形状

选择画笔工具，单击 图标，弹出画笔设置面板界面。单击此界面左侧的"画笔笔尖形状"选项，可以对画笔的形状、大小、硬度、间距、角度等属性进行设置，如图 5.25 所示。

画笔笔尖：若要选择某一形状，单击此形状图标即可。拖动右侧的滚动条可以查看更多笔尖形状，如图 5.26 所示。

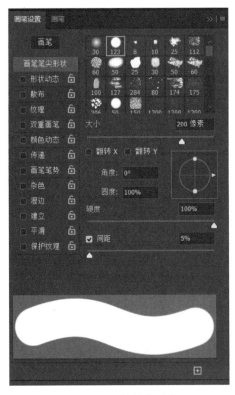

图 5.25 画笔笔尖形状

图 5.26 笔尖形状

大小：拖动大小控制条或在后方文本框中输入数值，即可设置画笔笔尖大小。数值越大，画笔的直径越大。

翻转 X/翻转 Y：用来改变画笔笔尖在其 X 轴或 Y 轴上的方向，如图 5.27 所示。

| (a) 原画笔 | (b) 勾选"翻转X"复选框 | (c) 勾选"翻转Y"复选框 |

图 5.27　翻转 X/翻转 Y

角度：在该文本框中输入角度值或拖动右侧预览框中的水平轴，可以调整画笔的角度，如图 5.28 所示。

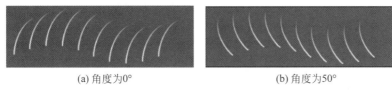

| (a) 角度为0° | (b) 角度为50° |

图 5.28　角度

圆度：在该文本框中输入圆度或拖动右侧预览框中的节点，可以设置画笔短轴与长轴之间的比率。设置的数值越大，笔尖越接近正常或越圆润，如图 5.29 所示。

| (a) 圆度为100% | (b) 圆度为65% |

图 5.29　圆度

硬度：在该文本框中输入数值或拖动滑块，可以调整画笔边缘的虚化程度。数值越大，笔尖边缘越清晰；数值越小，笔尖的边缘越模糊，如图 5.30 所示。

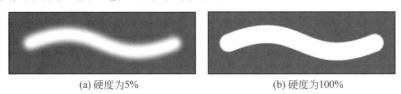

| (a) 硬度为5% | (b) 硬度为100% |

图 5.30　硬度

间距：在该文本框中输入数值或拖动滑块，即可调整画笔每笔之间的间距。数值越大，笔迹之间的间距越大，如图 5.31 所示。

| (a) 间距为55 | (b) 间距为155 |

图 5.31　间距

2. 形状动态

勾选"形状动态"复选框,单击"形状动态"选项即可进入设置界面,该选项中的参数设置控制画笔笔迹的变化,如图5.32所示。接下来介绍常用参数的作用。

图5.32 形状动态

大小抖动:在该文本框中输入参数或拖动滑块,即可设置画笔在绘制过程中的大小波动幅度。值越大,大小波动幅度越大,如图5.33所示。

(a) 大小抖动为0　　　　　　　　　　　　(b) 大小抖动为72%

图5.33 大小抖动

角度抖动:在该文本框中输入参数或拖动滑块,即可设置画笔在绘制过程中的角度波动浮动。值越大,角度波动幅度越大,如图5.34所示。

(a) 角度抖动为0　　　　　　　　　　　　(b) 角度抖动为100%

图5.34 角度抖动

3. 散布

勾选"散布"复选框,单击"散布"选项即可进入设置界面,该选项中的参数控制画笔笔迹的数量和分布,如图5.35所示。

图 5.35　散布界面

散布：在该文本框中输入参数或拖动滑块，即可设置画笔偏离所滑过路径的偏离程度。设置的值越大，偏离的程度越高，如图 5.36 所示。选中两轴，散布会在 X 轴与 Y 轴上都产生效果，不勾选此复选框，画笔笔画只在 X 轴分散。

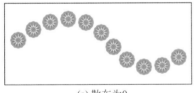
(a) 散布为0

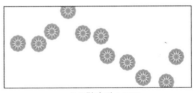
(b) 散布为100%

图 5.36　散布

数量：在该文本框中输入参数或拖动滑块，即可设置画笔绘制图案的数量。数值越大，绘制的笔画越多。

数量抖动：在该文本框中输入参数或拖动滑块，即可控制画笔点数量的波动情况。数量越大，画笔点波动的幅度越大，如图 5.37 所示。

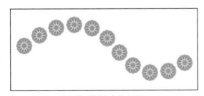
(a) 数量抖动为100%

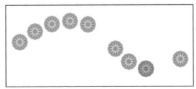
(b) 数量抖动为0

图 5.37　数量抖动

填充与绘画

4. 颜色动态

纹理与双重画笔不常使用,这里不再详细介绍,读者可自行试验,观察效果即可。颜色动态用来控制两种颜色(前景色与背景色)在不同程度的混合,其设置界面如图 5.38 所示。

图 5.38　颜色动态设置界面

勾选"颜色动态"复选框,并且勾选"应用每笔尖"复选框,绘制的笔尖效果如图 5.39 所示。

(a) 未勾选"颜色动态"复选框

(b) 勾选"颜色动态"复选框

图 5.39　差异展示

前景/背景抖动:在该文本框中输入参数或拖动滑块,可以控制画笔颜色的变化情况。数值越大,画笔颜色越接近背景色;数值越小,画笔颜色越接近前景色。

色相抖动:与前景/背景抖动一样,数值越大,色相越接近背景色;数值越小,色相越接近前景色。同理,可以设置饱和度抖动与亮度抖动的相关参数。

纯度:用来设置颜色的纯度。数值越小,画笔笔迹越接近黑白色;数值越大,颜色饱和度越高,如图 5.40 所示。

5. 传递

勾选"传递"复选框,单击"传递"选项,即可调出参数设置界面,如图 5.41 所示。此选项控制画笔不透明度抖动、流量抖动等。

(a) 纯度为-55%   (b) 纯度为0

图 5.40　纯度

图 5.41　传递

不透明度抖动：在该文本框中输入数值或拖动滑块，即可设置不透明度抖动。数值越大，画笔笔迹的不透明度变化越大；数值越小，画笔笔迹的不透明度变化越小，如图 5.42 所示。

(a) 不透明度抖动为0   (b) 不透明度抖动为60%

图 5.42　不透明度抖动

流量抖动：设置此参数，可以控制画笔笔迹油彩的变化幅度。数值越大；变化幅度越大；数值越小，变化幅度越小。

6. 其他选项设置

画笔设置中除了以上常用的选项外，还有"杂色""湿边""建立""平滑""保护纹理"。这些选项没有参数设置界面，若有需要，勾选相应复选框进行设置即可。

5.2.4　管理画笔

执行"窗口"→"画笔"命令，即可弹出画笔面板，单击该面板右上方的■按钮，在弹出的

填充与绘画

面板菜单中,可以选择多种预设画笔,包括"新建画笔预设""重命名 画笔""删除 画笔""导入画笔"等,如图 5.43 所示。

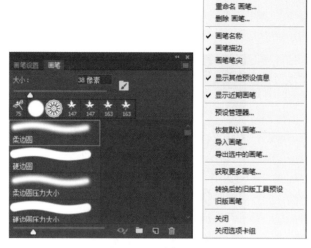

图 5.43　编辑画笔

新建画笔预设:通过设置画笔的笔尖类型,用户将 Photoshop 中的画笔设置为需要的形式。选择"新建画笔预设"选项,在弹出的对话框中单击"确定"按钮,即可将设置好的画笔保存为新的自定义画笔,以便在后续操作中重复使用。

重命名与删除画笔:顾名思义,可以根据需要对选择的画笔进行重命名或删除操作。

导入画笔:在 Photoshop 中,除了默认的画笔外,还可以导入从网络上下载的画笔样式。选择"导入画笔"选项,弹出"载入"对话框,选择需要载入画笔的磁盘位置,选择目标画笔文件,单击"载入"按钮即可,如图 5.44 所示。拖动画笔面板右侧的滚动条至最底部,即可选择导入的画笔。

图 5.44　导入画笔

5.2.5 定义画笔预设

在 Photoshop 中使用画笔工具时,除了可以选择软件自带的和导入的画笔外,用户还可以将绘制的图像定义为画笔。绘制完图像后,执行"编辑"→"定义画笔预设"命令,在弹出的对话框中设置画笔名称,然后单击"确定"按钮即可,如图 5.45 所示。新的画笔默认位置为所有画笔的最下方。

图 5.45 定义画笔预设

值得注意的是,绘制的图像颜色可能是丰富多彩的,定义为画笔后,原图像中的黑色在此画笔中为纯色、白色为透明、其他颜色为半透明,如图 5.46 所示。

(a) 原图　　　　　　　　　　　(b) 画笔笔迹

图 5.46 颜色转换

图 5.46(a)为原图,由 3 种颜色的心形组成:外层为纯黑色,中间层为白色,最里层为红色。将该图像定义为画笔后,选择画笔工具并选择此画笔,设置前景色为红色,在画布上单击,绘制的图像如图 5.46(b)所示,外层为前景色,中间层透明,最里层为半透明。

若要使定义的画笔在使用时不存在半透明区域,那么在绘制原图时,只使用黑色与白色两种颜色。更改前景色后,使用该画笔绘制时,图像颜色为前景色或透明,如图 5.47 所示。

(a) 原图　　　　　　　　　　　(b) 画笔笔迹

图 5.47 自定义画笔

5.2.6 实操案例:节气海报

画笔工具是一种十分强大的操作工具,通过设置相关属性和参数可以绘制出精美的图像。在本案例中,读者需使用本节中所学的画笔工具的相关知识,制作插画风格的节气海报。

【step1】 新建尺寸为 1242×2208 像素、分辨率为 72 像素/英寸、颜色模式为 RGB 颜色、背景内容为白色的画布,如图 5.48 所示。

【step2】 打开素材图 5-4.png,将该图片复制到项目文件中,如图 5.49 所示。

图 5.48　新建画布

图 5.49　复制素材

【step3】 打开素材图 5-5.png,将该素材复制到项目文件中,然后将该图片移动到背景图层的上方,如图 5.50 所示。

【step4】 打开素材图 5-6.png,将该图片复制到项目文件中,适当调整图片的位置,如图 5.51 所示。

【step5】 在工具栏中选择直排文字工具,输入“冬至”,将文字的填充颜色设置为 #850808,适当调整文字的大小、字间距、位置,为了搭配中国传统节日的调性,将字体设置为具有古风特征的字体(推荐康熙字典体),如图 5.52 所示。

【step6】 选择直排文字工具创建文字图层,输入文案“冬至大如年,不缺席每一次团圆”,适当调整行间距、文字大小和位置,如图 5.53 所示。

【step7】 打开素材图 5-7.png,将该图片复制到项目文件中,适当调整大小和位置,使用选区工具选择部分图片,调整位置,如图 5.54 所示。

【step8】 打开素材图 5-8.png,将光标移动到该图层的缩览图上,按住 Ctrl 键的同时单击图层缩览图将该素材载入选区,将前景色设置为纯黑色,按 Alt+Delete 快捷键将白色的雪花填充为黑色,再次将雪花载入选区,执行“编辑”→“定义画笔预设”命令,在弹出的对话框中将画笔的名称设置为“雪花”,如图 5.55 所示。

图 5.50　复制背景素材

图 5.51　复制素材图片

图 5.52　创建主标题

图 5.53　创建文案

图 5.54　复制素材图片

填充与绘画

图 5.55 定义画笔预设

【**step9**】 按 Ctrl＋Shift＋N 快捷键新建一个空白像素图层,在工具栏中选择画笔工具,将前景色的颜色设置为白色,在工具属性栏中单击 ✐ 图标,在画笔设置面板中,在"画笔笔尖形状"属性中将画笔设置为雪花画笔,将大小设置为 60 像素,间距设置为 200％,如图 5.56 所示。

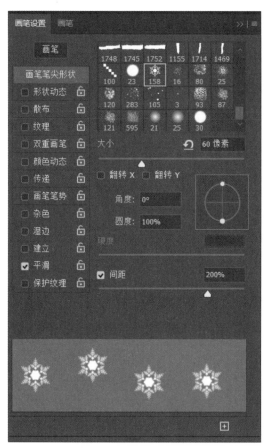

图 5.56 设置画笔属性 1

【**step10**】 在画笔设置面板中勾选"形状动态"复选框,将大小抖动设置为 100％,角度抖动设置为 100％;在画笔设置面板中勾选"散布"复选框,将散布设置为 1000％,数量抖动设置为 100％,如图 5.57 所示。

【**step11**】 在画笔设置面板中勾选"传递"复选框,将不透明度抖动设置为 100％,如图 5.58 所示。

【**step12**】 在图层面板中选择新创建的空白图层,选择画笔工具,按住鼠标左键并拖动,即可绘制许多雪花元素,烘托冬天的氛围,效果如图 5.59 所示。

图 5.57　设置画笔属性 2

图 5.58　设置画笔属性 3

图 5.59　效果图

97

第 5 章

视频讲解

5.3 渐变工具

使用渐变工具 ▣ 可以绘制一种颜色到另一种颜色或多种颜色按某种顺序逐渐过渡的图像。在 Photoshop 中,渐变工具被广泛使用,不仅可以填充图像,而且可以填充选区、蒙版等。本章将详细讲解渐变工具的相关知识。

5.3.1 绘制渐变图像

使用渐变工具可以绘制颜色过渡的图像,在工具栏中选择渐变工具 ▣ ,或按 G 键,新建空白图层,将鼠标置于文档窗口中,光标变为 ┽,按住鼠标左键并拖动,出现如图 5.60 所示的直线,松开鼠标后即绘制完成渐变图像。

图 5.60　绘制渐变

值得注意的是,起点与终点之间的直线越短,过渡范围越小,过渡效果越生硬;起点与终点之间的直线越长,过渡范围越大,过渡效果越柔和,如图 5.61 所示。

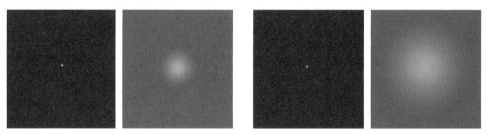

图 5.61　渐变过渡范围

5.3.2 渐变工具属性栏

单击工具栏中的渐变工具图标 ▣ 或按 G 键,即可选择渐变工具,在属性栏中可以更改渐变工具的相关属性,如图 5.62 所示。

图 5.62　渐变工具属性栏

1. 渐变颜色条

渐变颜色条显示了当前的渐变颜色,单击右侧的  按钮,打开的面板中显示的是预设的渐变样式,如图 5.63 所示。选择某一选项,即可使用该类型的渐变。

单击渐变颜色条 ▭▭▭▭ ,即可弹出"渐变编辑器"对话框,可以在其中设置渐变属性。

图 5.63 预设渐变

2. 渐变类型

渐变工具有 5 种渐变类型,包括线性渐变、径向渐变、角度渐变、对称渐变与菱形渐变。不同的渐变类型有不同的渐变效果,如图 5.64 所示。

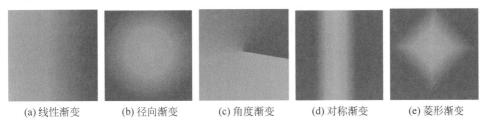

(a) 线性渐变　　(b) 径向渐变　　(c) 角度渐变　　(d) 对称渐变　　(e) 菱形渐变

图 5.64 渐变类型

3. 其他属性设置

模式:单击右侧的 ▾ 按钮,可以选择某一选项,使得绘制的渐变图像与下层图像产生不同效果的混合,每种混合样式的特征和效果将在后面章节详细讲解。

不透明度:在该文本框中输入数值或拖动滑块,可以设置渐变图像的不透明度。值得注意的是,如果需要改变渐变的不透明度,需要在使用渐变工具绘制渐变之前,更改属性栏的不透明度值。

反向:勾选该复选框,可以使渐变的颜色反转填充。

仿色:勾选该复选框,可以使颜色过渡得更自然,避免生硬。

透明区域:勾选该复选框,可以绘制带有透明区域的渐变图像。

5.3.3 渐变编辑器

在"渐变编辑器"对话框中可以设置渐变的具体样式,包括渐变类型、平滑度、渐变颜色及其不透明度等。通过设置这些内容可以绘制多种多样的渐变图像。

1. 渐变类型

在"渐变编辑器"对话框中可以选择渐变类型。渐变类型分为实底和杂色两种。实底渐变是不含透明像素的平滑渐变,如图 5.65 所示。杂色渐变包含了指定的颜色范围内随机分布的颜色,颜色变化十分丰富,如图 5.66 所示。后续内容将详细讲解实底类型下的相关设置。

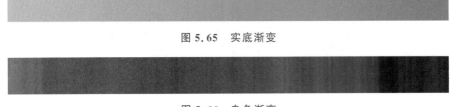

图 5.65 实底渐变

图 5.66 杂色渐变

2. 设置颜色

渐变类型设置为实底，可以运用对话框下方的色彩条修改渐变的颜色。单击色彩条下方的色标 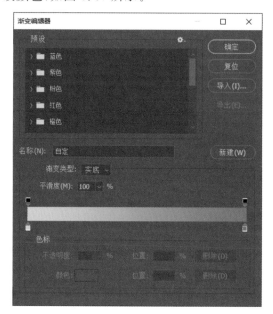，单击"颜色"后方的色块 ，在弹出的"拾色器"对话框中设置需要的颜色，单击"确定"按钮，即可修改颜色，如图 5.67 所示。

图 5.67　设置颜色

除了可以改变色标颜色外，还可以移动色标的位置。将光标置于色标上，左右拖动即可改变色标位置，从而改变颜色之间的渐变关系，如图 5.68(a)所示。用鼠标拖动光标之间的菱形指针 ，也可改变渐变关系，如图 5.68(b)所示。

(a) 拖动色标

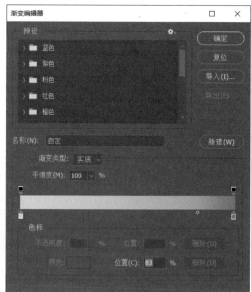

(b) 拖动菱形指针

图 5.68　改变颜色的渐变关系

色彩条上方的色标用来控制不透明度,单击该色标图标■,可以在色彩条下方设置不透明度。不透明度设置为100%,颜色为纯色;不透明度设置为0,颜色为透明;不透明度设置为0~100%,颜色为半透明,如图5.69所示。

图5.69　改变渐变颜色的不透明度

色彩条上的色标可以删除。将光标置于色标上,按住鼠标左键向垂直下方或垂直上方拖曳,松开鼠标后,该色标即可删除,如图5.70(a)所示。若要新增色彩条上的色标,单击色彩条上方或下方空白处即可,新建的色标参数与用鼠标选择的上一个色标参数相同,如图5.70(b)所示。

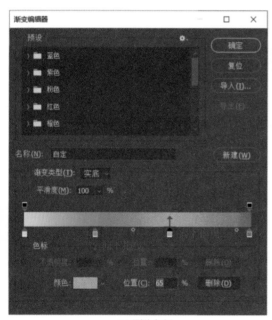

(a) 删除色标　　　　　　　　　　　　(b) 新增色标

图5.70　删除/新增色标

实际运用中,设置渐变编辑器时,可能需要复制色彩条上的色标,将光标置于需要复制的色标上,按住 Alt 键的同时,水平拖动鼠标即可完成复制。

3. 新建渐变

在色彩条中设置好渐变后,单击"新建"按钮,即可将此渐变保存为预设渐变,新建的渐变在"渐变编辑器"对话框左上方的"预设"选项组中显示,如图5.71所示。"预设"选项组中的渐变可以删除,将光标置于需删除的渐变图标上,右击,在弹出的快捷菜单中选择"删除渐变"选项即可。

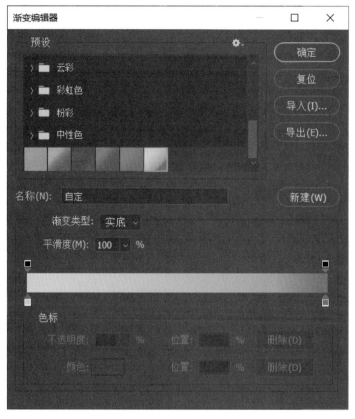

图 5.71　新建渐变

视频讲解

5.4　橡皮擦工具

在日常学习生活中,经常用橡皮擦文具擦除所绘制图形中的错误笔画,Photoshop 中的橡皮擦工具与现实生活中使用的橡皮擦文具功能类似,本节将详细介绍 Photoshop 中的橡皮擦工具。

使用橡皮擦工具可以擦除像素图像,擦除部分为背景色或透明。使用橡皮擦工具擦除背景图层上的图像时,被擦除部分自动填充背景色;擦除像素图层上的图像时,被擦除部分为透明。通过设置橡皮擦工具的属性,可以使擦除操作达到预期效果,如图 5.72 所示。

图 5.72　橡皮擦工具属性栏

观察可见,橡皮擦工具与画笔工具属性栏类似。勾选该属性栏中的"抹到历史记录"复选框后,橡皮擦工具的作用相当于历史记录画笔的作用(将在第 6 章详细讲解)。调整属性栏中的不透明度,可以改变擦除效果,如图 5.73 所示。该图为背景图层,擦除部分填充为背景色。图 5.73(a)为不透明度为 100%的擦除效果,图 5.73(b)为不透明度为 25%的擦除效果。

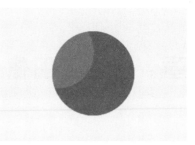

(a) 不透明度为100%   (b) 不透明度为25%

图 5.73　擦除效果

第 6 章　图像处理和色彩调整

本章学习目标

- 熟练掌握图像修复工具的使用。
- 掌握图像润饰工具的使用。
- 掌握色彩调整的相关操作。

在日常生活或出游时,人们习惯用手机或者相机拍照记录,但是常常会有路人或事物破坏整体画面的美感,使用 Photoshop 可以消除这类干扰,修正原始图片中的瑕疵,从而使画面更加干净美观。另外,当图片的色彩不够完美时,利用"调整"命令可以对图片的色彩进行调整。本章将详细讲解这些工具、命令的使用。通过本章的学习,能够掌握图像修复与色彩调整的技巧。

视频讲解

6.1　修 复 图 像

在 Photoshop 的工具栏中,可以选择多种图片修复工具,如污点修复画笔工具、修复画笔工具、修补工具、红眼工具、仿制图章工具、图案图章工具等,通过这些工具,可以轻松地修复图像中的瑕疵。在本节的内容中,将综合利用这些修复工具绘制一张水果促销海报,如图 6.1 所示。

6.1.1　污点修复画笔工具

使用污点修复画笔工具可以快速消除图像中的污点,如人脸上的雀斑、痣等。在工具栏中选择污点修复画笔工具 ,或按 J 键,将光标置于需要去除的污点上,单击或者按住鼠标左键拖动,即可消除图像中的污点,如图 6.2 所示。污点修复画笔工具可以自动对污点周围的像素取样,快速去除图像中的污点。

选择污点修复画笔工具后,在工具属性栏中可以设置相关属性,如画笔大小与硬度、模式、类型等,如图 6.3 所示。

图 6.1　水果促销海报

(a) 修复前　　　　　　　　　(b) 修复后

图 6.2　污点修复画笔工具

画笔　　　模式　　　　　　　　　　类型　　　　　　　对所有图层取样

图 6.3　污点修复工具属性栏

画笔：单击 ⌄ 按钮，在弹出的面板中可以设置画笔大小、硬度、间隔等。

模式：用来设置叠加的模式，一般保持默认即可。

类型：选择"内容识别"选项，可以使目标位置与周围的图像相同；选择"创建纹理"选项，可以使单击的位置填充纹理；选择"近似匹配"选项，可以使鼠标滑过的区域与周围的内容类似。

对所有图层取样：勾选该复选框，可以使污点修复画笔以所有图层对应位置下的图像进行取样。

6.1.2　修复画笔工具

修复画笔工具可以将复制的图像粘贴到缺失或需要更改的图像上。选择修复画笔工具 ▥ ，或按 J 键，将光标置于需要取样的图像上，按住 Alt 键，此时光标变为 ⊕ ，同时单击，取样成功，再将光标置于污点或需要覆盖的图像上，此时光标变为 ○ ，单击即可修复图像，如图 6.4 所示。

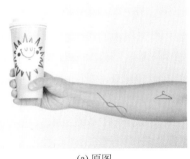

(a) 原图　　　　　　　　　　　(b) 修改后

图 6.4　修复画笔工具

选择该工具后，在工具属性栏中可以设置相关属性，如图 6.5 所示。

画笔：与污点修复画笔工具一样，单击 ⌄ 按钮，在弹出的面板中可以设置画笔大小、硬度、间隔等。

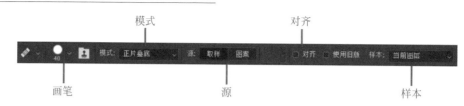

图 6.5　修复画笔工具属性栏

模式：用来设置叠加的模式，一般保持默认即可。

源：可以选择"取样"或"图案"选项。选择"取样"选项，修复的部分会与取样的图像相同；选择"图案"选项，修复的部分会与所选图像相同。

对齐：一般保持默认即可。

样本：用来选择样本选项，包括"当前图层""当前和下方图层""所有图层"。一般保持默认的"当前图层"即可。

6.1.3　红眼工具

在暗光下拍摄的人物图像，很容易出现红眼的情况，使用红眼工具可以快速且简单地消除红眼。打开图像后，选择红眼工具 ，在工具属性栏中设置瞳孔大小和变暗/亮，单击眼睛，即可消除红眼，如图 6.6 所示。

图 6.6　红眼工具

6.1.4　实操案例：水果上市海报

污点修复画笔工具可以快速修复图像中的污点，本案例通过该工具的使用，修复图像中的斑点，然后将该图像作为画面的主体元素，制作成一幅完整的海报。

【step1】　执行"文件"→"新建"命令，在新建文档窗口中将文档尺寸设置为 1200×1900 像素，分辨率设置为 72 像素/英寸，文件名称设置为"水果海报"，如图 6.7 所示。

【step2】　新建一个空白图层，将前景色设置为＃fefcc3，按 Alt＋Delete 快捷键将空白图层填充为前景色，如图 6.8 所示。

【step3】　在工具栏中选择矩形工具，绘制一个矩形，将填充颜色设置为渐变色，渐变颜色设置为＃feda31 与＃f5b308，将渐变方向设置为−45°，如图 6.9 所示。

【step4】　在工具栏中选择椭圆工具，按住 Shift 键的同时进行绘制，从而得到一个正圆，将圆形的填充颜色设置为＃d49001 与＃fdd552，复制该正圆，适当调整大小和位置，将渐变颜色设置为＃f1a400 与＃fff177，如图 6.10 所示。

【step5】　在工具栏中选择文字工具，输入"甜糯香蕉"主标题，将标题字体设置为"江西苗楷"，将字间距设置为 120，双击该图层名称后方的空白处，选择"渐变叠加"选项，将渐变颜

图 6.7　新建文档

图 6.8　创建背景图层

图 6.9　绘制渐变色

色设置为♯ffa903 与♯ff5900,如图 6.11 所示。

　　【step6】　选择椭圆工具,按住 Shift 键的同时进行绘制可以创建一个正圆,将填充颜色设置为♯ff6d02 与♯ffb024,然后复制该圆形,将填充设置为无,将描边颜色设置为♯ff9215,适当调整大小,使用文字工具输入"新"字,将文字的填充颜色设置为♯fefcc3,同时选择这 3 个图层,按 Ctrl+G 快捷键进行编组。复制该图层组,修改副标题文字,如图 6.12所示。

图 6.10　绘制圆形背景

图 6.11　创建主标题

图 6.12　创建副标题

【step7】　打开素材图 6-1. png,将该素材移动到文件中,适当调整位置和大小,如图 6.13 所示。

【step8】　打开素材图 6-2. png,使用矩形选框工具框选盘子素材,选择移动工具,将矩形选框内的图像移动到项目文件中,适当调整该素材的位置和大小。使用同样的方法将桌布素材移动到项目文件中,如图 6.14 所示。

【step9】　打开素材图 6-3. png,将该素材复制到项目文件中,适当调整大小和位置,如图 6.15 所示。

图 6.13　复制素材图片

图 6.14　复制素材文件

图 6.15　添加香蕉素材

【step10】　在图层面板中选择香蕉素材图层,在工具栏中选择污点修复画笔工具,然后在香蕉素材上的斑点处涂抹,即可将斑点消除,如图 6.16 所示。

【step11】 打开素材图 6-4.png,将该素材复制到项目文件中,使用套索工具选择不需要的部分删除,然后适当调整位置和大小,如图 6.17 所示。

图 6.16 污点修复

图 6.17 复制素材图片

【step12】 使用椭圆工具绘制一个正圆形,将填充设置为渐变填充,颜色分别设置为 ♯ff7e0c 和 ♯b0c429,使用文字工具创建促销文字信息,推荐中文字体设置为阿里巴巴普惠体,数字字体推荐 DIN 字体,如图 6.18 所示。

【step13】 使用套索工具选择画面右上角的银杏素材的部分叶子进行复制,移动到画面的其他位置丰富画面。打开素材图 6-5.png,将该素材复制到文件中,最终效果如图 6.19 所示。

图 6.18 创建促销文字信息

图 6.19 效果图

图像处理和色彩调整

6.2　图章工具

视频讲解

在使用办公软件制作文档时,可以进行"复制""粘贴"操作,将一部分文档内容复制到其他位置。同样地,在 Photoshop 中,可以使用仿制图章工具复制图像中的某部分元素。本节将详细讲解仿制图章工具与图案图章工具的具体使用方法。

6.2.1　仿制图章工具

仿制图章工具可以快速地复制图像和修改图像中的缺陷。选择仿制图章工具 ![icon],或按 S 键,然后将光标置于图像中的取样点位置,按住 Alt 键的同时单击,即可完成对样本的拾取。移动光标至需要替换或修补的图像上,按住鼠标左键并涂抹,即可将拾取的样本粘贴到该位置,如图 6.20 所示。

(a)原图　　　　　　　　　　　　　(b)效果图

图 6.20　仿制图章工具

选择仿制图章工具后,在工具属性栏中可以设置相关参数,如图 6.21 所示。

画笔预设　切换仿制源面板　　　　不透明度

切换画笔设置面板　　模式　　　　　　　　对齐

图 6.21　仿制图章工具属性栏

图 6.22　仿制源面板

画笔预设:单击 ![btn] 按钮,可以设置画笔大小、硬度和笔尖样式。

切换画笔设置面板:与画笔工具属性栏中的此类按钮相同,可以设置画笔的具体样式。

切换仿制源面板:单击 ![btn] 按钮,可以设置相关参数,如图 6.22 所示。在该面板中,可以设置仿制源的位移、旋转等。

模式:用来设置叠加模式,一般情况下保持默认即可。

不透明度:用来设置复制的图像的不透明度,一般情况下保持默认即可。

对齐:勾选该复选框,复制的图像会随着鼠标拖动的位置进行相同间隔的复制,如图 6.23 所示。选择仿制图章工具后,在工具属性栏中勾选 "对齐"复选框,将光标置于花朵上,按 Alt 键取样,然后将光标移动到右侧,按住鼠标左键并 拖动或连续单击,即可得到复制的花朵。

图 6.23　勾选"对齐"复选框效果

不勾选该复选框,复制的图像始终是取样点 的部分,如图 6.24 所示。选择仿制图章工具,在 工具属性栏中不勾选该复选框,完成取样后,连 续单击,得到的图像全为取样点部分。值得注意 的是,若按住鼠标左键拖曳,也可复制取样点周 围的图像。

6.2.2　图案图章工具

使用图案图章工具可以将选择的图案绘制 到图像中。选择图案图章工具，可以在工具属性栏中设置相关属性,如图 6.25 所示。

图 6.24　不勾选"对齐"复选框效果

图 6.25　图案图章工具属性栏

观察发现,图案图章工具属性栏与画笔工具属性栏类似,可以调整画笔大小、硬度、笔尖 形状,设置叠加模式和不透明度等。勾选"对齐"复选框后,可以保持图案与原始起点的一致 性,即使多次单击也不例外;不勾选该复选框,则每次单击,绘制的图案都相同,如图 6.26 所示。

(a) 勾选"对齐"复选框　　　　　　　　　　(b) 不勾选"对齐"复选框

图 6.26　"对齐"复选框

图像处理和色彩调整

值得注意的是,在勾选"对齐"复选框前,可以单击  按钮,在列表框选择图案样式,如图 6.27 所示。

在图案样式列表中单击 按钮,可以在弹出的列表中选择"新建图案""重命名图案""删除图案""追加默认图案""导入图案"选项等,如图 6.28 所示。

图 6.27 图案样式列表   图 6.28 图案设置

新建图案:在 Photoshop 中打开一幅图像,执行以上操作后,选择"新建图案"选项,即可将此图像定义为图案。除此种方法可以新建图案以外,还可以通过执行"编辑"→"定义图案"命令,将图像定义为图案。

删除图案:在图案样式列表中选择需要删除的图案,单击 按钮,在弹出的列表中选择"删除图案"选项,即可将此图案删除。

导入图案:从网上下载的图案可以载入 Photoshop 中。选择图案图章工具,在工具属性栏中单击图案下拉按钮,单击 按钮,选择"导入图案"选项,在"载入"界面中选择下载的图案文件,单击"载入"按钮即可。

视频讲解

6.3　图像润饰工具

在 Photoshop 中,常用的图像润饰工具有模糊工具 、锐化工具 、涂抹工具 、减淡工具 、加深工具 、海绵工具 等,运用这些工具,可以使图片产生清晰或模糊、增亮或减暗的效果。本节将详细讲解常用图像润饰工具的用法。

6.3.1　模糊工具

使用模糊工具可以使图像变得模糊不清,在实际运用中,经常使用该工具制作景深效果,虚化背景图像,从而突出主题内容。选择模糊工具 ,可以在工具属性栏中设置相关属性,如图 6.29 所示。

画笔预设　　　　模式　　　　　　　　　对所有图层取样

切换画笔设置面板　　　　　　　强度

图 6.29 模糊工具属性栏

在属性栏中,"画笔预设""切换画笔设置面板""模式"与画笔工具属性栏中的用法相同,在此不再赘述。"强度"用来控制笔触的强度,可以在该文本框中输入强度值。勾选"对所有图层取样"复选框,可以使用所有可见图层中的数据进行模糊处理,取消勾选该复选框,则模糊工具只使用现有图层的数据。

设置好工具属性栏中的参数后,将光标置于图像中,按住鼠标左键涂抹,即可使被涂抹区域变得模糊,如图 6.30 所示。

(a) 原图   (b) 模糊后

图 6.30　模糊工具

6.3.2　锐化工具

与模糊工具相反,使用锐化工具在图像上涂抹,可以使模糊的图像变得相对清晰,如图 6.31 所示。使用该工具在图像中涂抹的次数越多,越能增强像素间的反差,从而使模糊的图像变得越清晰。

(a) 锐化前   (b) 锐化后

图 6.31　锐化工具

选择锐化工具▲后,可以在工具属性栏中设置相关属性,如图 6.32 所示。

图 6.32　锐化工具属性栏

除了"保护细节"复选框外,锐化工具属性栏与模糊工具属性栏一样,在此不再赘述。若勾选"保护细节"复选框,可以增强细节并使因像素化而产生的不自然感最小化。

图像处理和色彩调整

6.3.3 减淡工具和加深工具

使用减淡工具,可以对图像的"亮光""阴影""中间调"分别进行减淡处理。选择减淡工具 ![减淡工具图标],或按 O 键,然后将光标置于图像上,按住鼠标左键涂抹,即可使涂抹区域变亮,如图 6.33 所示。

(a) 原图　　　　　　　　　　　(b) 减淡后

图 6.33　减淡工具

与减淡工具相反,使用加深工具可以对图像的"亮光""阴影""中间调"分别进行加深处理。选择加深工具,按住鼠标左键在图像中涂抹,即可使涂抹区域的图像变暗,如图 6.34 所示。

(a) 原图　　　　　　　　　　　(b) 加深后

图 6.34　加深工具

视频讲解

6.4　色彩调整

在日常生活中,用手机拍照成为一种大众行为,但是普通手机可能无法像相机一样在拍照前调整光影参数,因此这些照片可能无法呈现出较好的光影和色彩效果,使用 Photoshop 的相关操作可以校正色彩,本节将详细讲解常用的色彩调整命令。

执行"图像"→"调整"命令,可以在子菜单中选择一种调整命令来调整图像色彩。除了这种方法外,还可以单击图层面板下方的 ![图标] 图标创建调整层,如图 6.35 所示。双击调整层前的 ![图标] 图标,可以修改此调整命令的参数。由于调整层属于一种图层,因此可以隐藏、删除调整层,也可以改变调整层的不透明度、混合样式等。

图 6.35　调整层

6.4.1　调整图像明暗

在 Photoshop 中,可以通过相关命令调整图像的明暗对比。执行"图像"→"调整"命令,在子菜单中可以选择"亮度/对比度""色阶""曲线""曝光度""阴影/高光"选项,如图 6.36 所示。也可以通过创建调整层进行调色。

图 6.36　调整明暗对比

1. 亮度/对比度

执行"图像"→"调整"→"亮度/对比度"命令,可以调整图片的明暗程度,校正图像发灰的问题。执行该命令后,可以在弹出的对话框中设置具体参数,如图 6.37 所示。

2. 色阶

"色阶"命令可以调整图片的中间调、高光、阴影的强度级别,使图像变亮或变暗。也可以通过选择某一通道,单独调整这一通道的色调。执

图 6.37　"亮度/对比度"对话框

行"图像"→"调整"→"色阶"命令,或按 Ctrl+L 快捷键,即可弹出"色阶"对话框,通过调整"输入色阶"的滑块,可以调整选择通道的颜色,如图 6.38 所示。

3. 曲线

"曲线"命令与"色阶"命令的功能一样,都是用来调整图像的明暗度的,由于使用"曲线"命令可以调整每个控制点,因此该命令可以更加精确地调整图像的明暗对比。执行"图

图像处理和色彩调整

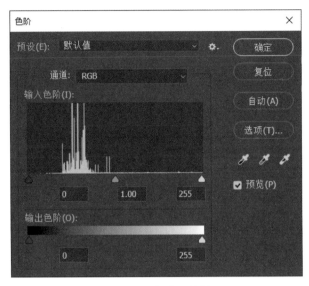

图 6.38　"色阶"对话框

像"→"调整"→"曲线"命令，或按 Ctrl＋M 快捷键，即可弹出"曲线"对话框，如图 6.39 所示。

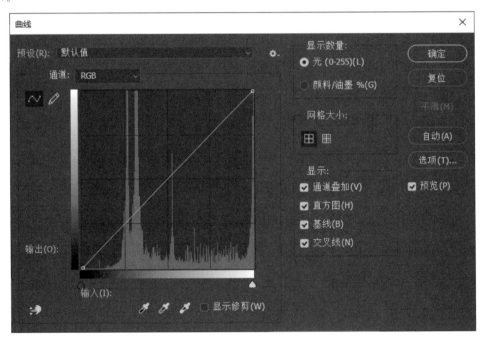

图 6.39　"曲线"对话框

6.4.2　调整图像色彩

在 Photoshop 中，可以通过相关命令调整图像的色彩。执行"图像"→"调整"命令，在子菜单中可以选择"自然饱和度""色相/饱和度""色彩平衡""黑白""照片滤镜"等选项，这些选项都能调整图像的色彩，如图 6.40 所示。

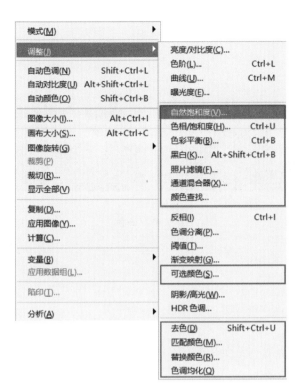

图 6.40　调整图像色彩选项

1. 色相/饱和度

使用"色相/饱和度"命令,可以调整整个图像或单独调整某一颜色的色相、饱和度与明度,本节将详细讲解该命令的使用。执行"图像"→"调整"→"色相/饱和度"命令,或按 Ctrl+U 快捷键,可以在弹出的对话框中设置相关参数,如图 6.41 所示。通过滑动"色相""饱和度""明度"下方的滑块可以进行对应的调整。

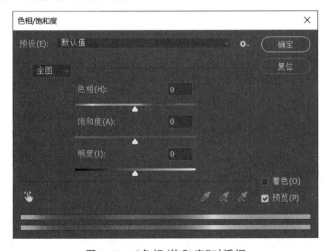

图 6.41　"色相/饱和度"对话框

2. 去色

使用"去色"命令,可以将图像中的色彩去掉,使之变为灰度图像。打开一张图像后,执行"图像"→"调整"→"去色"命令,或按 Ctrl+Shift+U 快捷键,即可将该图像变为灰度图像,如图 6.42 所示。

      (a)原图   (b)去色后

图 6.42 去色

6.4.3 其他色彩调整命令

在 Photoshop 中,提供了几种特殊的色彩调整命令,如反相、色调分离、阈值、渐变映射等,本节将详细讲解"反相"与"渐变映射"命令的使用。

1. 反相

使用"反相"命令,可以创造负片效果。先打开一张图像,执行"图像"→"调整"→"反相"命令,或按 Ctrl+I 快捷键,即可创造出负片效果,如图 6.43 所示。再次执行"图像"→"调整"→"反相"命令,即可恢复到原图状态。

      (a)原图   (b)反相后

图 6.43 反相

2. 渐变映射

使用"渐变映射"命令,可以直接将设置的渐变颜色运用到图像中。先打开一张图像,然后执行"图像"→"调整"→"渐变映射"命令,可以在弹出的对话框中调整相关参数,如图 6.44 所示。

图 6.44 渐变映射

灰度映射所用的渐变：单击色彩条,可以弹出"渐变编辑器"对话框,在该对话框中自定义渐变颜色,如图 6.45 所示。

图 6.45　自定义渐变颜色后的效果

第7章   文 字 工 具

本章学习目标

- 熟练掌握文字工具的使用。
- 掌握点文字、段落文字、路径文字的使用。

用 Photoshop 制作图像时,文字是重要的组成部分。选择文字工具,然后在图像中单击即可输入文字,在文字工具的属性面板中调整文字的大小、字体、颜色和行距等,可以制作多种样式的文字效果,本章将详细讲解文字工具的使用。

7.1   Photoshop 文字基础

视频讲解

文字作为传递信息的载体,在任何画面中的地位都举足轻重。本节将详细讲解在 Photoshop 中各种文字工具的使用,利用文字工具与其他绘图工具设计一张网站 banner,如图 7.1 所示。

图 7.1   网站 banner

7.1.1   文字工具组

在 Photoshop 中,右击文字工具 **T**,可以看到该工具组包括横排文字工具、直排文字工具、直排文字蒙版工具和横排文字蒙版工具 4 种,如图 7.2 所示。

选择横排文字工具可以在画布中输入横排文字,选择直排文字工具可以在画布中输入直排文字,选择文字蒙版工具可以创建文字选区,如图 7.3 所示。

图 7.2   文字工具组

(a) 横排 　　　 (b) 直排 　　 (c) 横排蒙版 　　 (d) 直排蒙版

图 7.3 　文字工具

7.1.2 　文字图层

在第 2 章关于图层的介绍中,已经提及文字图层的基础知识。新建一张画布或打开一张图像后,选择工具栏中的文字工具 **T**,或按 T 键,将光标置于画布中,单击,输入文字后按 Enter 键,在图层面板中即可自动创建文字图层,如图 7.4 所示。

值得注意的是,文字图层类似于形状图层,都具有矢量特征,放大或缩小不会模糊,也不会产生锯齿。选择文字图层,右击,在弹出的快捷菜单中选择"栅格化文字"选项,即可将文字图层转换为普通的像素图层,转换后的图层不能再通过文字属性栏进行编辑,如图 7.5 所示。

图 7.4 　创建文字图层 　　　　　 图 7.5 　选择"栅格化文字"选项

7.1.3 　文字工具属性栏

创建文字图层后,选择该文字图层并选择文字工具,在工具属性栏中可以设置相关参数,如图 7.6 所示。

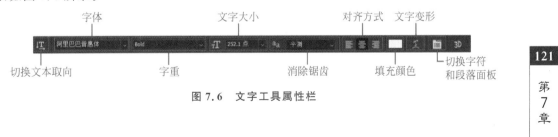

图 7.6 　文字工具属性栏

切换文本取向 **⧐T**：单击该按钮，可以将横排文字转换为直排，将直排文字转换为横排，如图 7.7 所示。

(a)原图　　　　　　　　　　　　　　　(b)转换为直排

图 7.7　切换横排与直排

字体：单击右侧的下拉按钮 **⌄**，可以在弹出的列表中更换文字字体，系统自带的字体有限，设计师可以下载字体安装包进行字体扩充。

字重：当字体存在多种字重时，可以单击字重属性右侧的下拉按钮 **⌄**，在列表中选择一种字重即可。

文字大小：单击右侧的下拉按钮 **⌄**，可以选择预设的字号，也可直接选择字号数值，或输入精确的数值。除了以上方式外，还可以将光标置于 **⧐T** 上，按住鼠标左键水平拖动，向右拖动鼠标，字号增大，向左拖动鼠标，字号减小。

消除锯齿：单击下拉按钮 **⌄**，可以选择消除锯齿的方式。选择"无"选项代表未消除锯齿，当文字字号小于 14 时才会使用。其他选项都可以消除锯齿，如图 7.8 所示。

(a)无　　　(b)锐利　　　(c)犀利　　　(d)浑厚　　　(e)平滑　　(f) Windows LCD　(g) Windows

图 7.8　消除锯齿

对齐方式：根据需要，可以选择合适的对齐方式。

填充颜色：单击此色块，可以在弹出的"拾色器"对话框中设置文字的填充颜色，单击"确定"按钮即可完成文字颜色的更改。

文字变形 **⌶**：单击该按钮，弹出"变形文字"对话框，单击"样式"下拉按钮，在下拉列表中选择需要的变形样式即可，如图 7.9 所示。

切换字符和段落面板 **▤**：单击该按钮，可以弹出字符面板，如图 7.10 所示。在该面板中可以设置文字的字体、字号、行间距、字间距、颜色、水平和垂直缩放等。

3D：单击该按钮，可以为文字添加 3D 效果。

7.1.4　实操案例：网站 banner

文字是传递信息的主要载体，在画面中的作用至关重要。本案例将使用文字工具与其他工具制作一张网站 banner，读者需要了解网站 banner 的常用尺寸以及版心的概念。

【step1】　新建大小为 1920×440 像素、分辨率为 72 像素/英寸、颜色模式为 RGB 颜色、背景内容为白色的画布，勾选"画板"下的复选框，图层面板会自动创建一个空白图层，如图 7.11 所示。

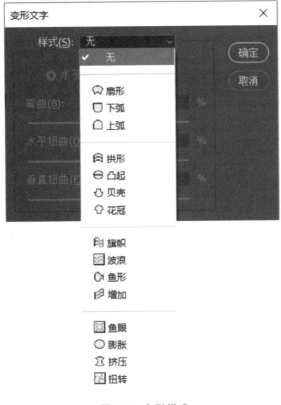

图 7.9　变形样式

图 7.10　字符面板

图 7.11　新建画布

【step2】　在图层面板中选择软件自动创建的空白图层,在工具栏中选择渐变工具,在工具属性栏中单击渐变颜色条,在"渐变编辑器"对话框中将渐变颜色设置为蓝色(色值为♯0004cc)到青色(色值为♯11dbd6)的渐变,单击"确定"按钮,将光标置于画布的左侧,按住

Shift 键的同时向右拖曳鼠标,将透明图层填充为设置的渐变颜色,如图 7.12 所示。

图 7.12　填充渐变

【step3】　在工具栏中选择矩形工具,或按 U 键,绘制一个宽度为 1200 像素的矩形,在工具属性栏中选择 ▇(水平居中对齐)将该矩形在水平方向上与画布居中,然后以该矩形的左右边界创建标尺,两根标尺中间的部分即为 banner 的版心,重要的内容不能放置在版心外,如图 7.13 所示。

图 7.13　确定版心

【step4】　将白色矩形删除,打开素材文件 7-1. png,将该图像移动到项目文件中,适当调整图片的位置,如图 7.14 所示。

图 7.14　置入素材文件

【step5】　在工具栏中选择横排文字工具,输入主标题"'携'手高校　共'塑'英才",选择文字图层,在工具属性栏中将字体设置为"联盟起艺卢帅正锐黑体",将文字大小设置为65点,填充颜色设置为白色,将主标题左侧对齐左边的辅助线,如图7.15所示。

图 7.15   输入主标题

【step6】   为了突出主题文字,将"携"字与"塑"字的填充颜色设置为♯11dad6,如图 7.16所示。

图 7.16   更改主标题关键字颜色

【step7】   使用横排文字工具输入副标题"千锋与高校开展实习实训,提供高质量项目演练",双击该图层后方的空白处,在图层样式面板中勾选"渐变叠加"复选框,单击"渐变叠加"选项,单击渐变条,将渐变颜色的开始颜色色值设置为♯11dad6,结束颜色色值设置为♯fff229,渐变角度设置为−45°,如图7.17所示。

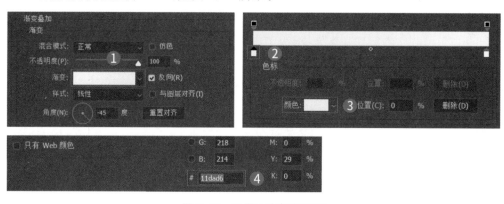

图 7.17   设置文字颜色渐变

【step8】   在工具栏中选择矩形工具(或按 U 键),绘制一个长方形作为文字底板,填充颜色设置为♯11dad6,使用文字工具输入辅助文字"实习实训 助力就业",将文字颜色设置为♯032bce,字体设置为阿里巴巴普惠体,将文字叠加在长方形上,适当调整文字大小,如图 7.18 所示。

【step9】   在工具栏中选择矩形工具,绘制一个矩形,执行"窗口"→"属性"命令,将矩形的圆角设置为最大,将矩形的填充颜色设置为黄色到橙色的渐变,如图7.19所示。

图 7.18   创建辅助文字

图 7.19   绘制按钮

【step10】   输入按钮上的文字"进入实训平台"，为了强化用户的单击愿望，在按钮上绘制两个三角形，如图 7.20 所示。

图 7.20   输入按钮提示

【step11】   至此，本案例基本完成，为了丰富画面可以添加些许装饰图形，最终效果如图 7.21 所示。

图 7.21   效果图

视频讲解

7.2   创建文字

在 Photoshop 中，使用文字工具可以创建点文字、段落文字、路径文字、区域文字和变形文字，根据需要可以选择特定的创建文字的方法制作多样的文字效果。本节将详细讲解创建各种文字的方法，利用文字工具及其他工具设计一张电商促销海报，如图 7.22 所示。

图 7.22　电商促销海报

7.2.1　创建点文字

在 7.1.1 节中已经介绍了文字工具组,创建点文字需要先在文字工具组中选择横排文字工具或直排文字工具,然后在画布中单击并输入文字,如图 7.23 所示。输入完成后,按Enter 键或单击工具属性栏右侧的下拉按钮 ✅ ,即可创建点文字。点文字的特征是不可自动换行,需要手动按 Enter 键进行换行。

创建完成点文字后,在文字工具属性栏中可以调整文字的字体、大小、颜色、对齐方式、文字变形等,也可以使用字符面板 ▤ 进行相关参数的设置,如图 7.24 所示。

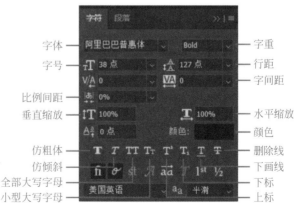

图 7.23　点文字　　　　　　**图 7.24　字符面板**

字体:单击右侧的下拉按钮 ▾ ,可以在下拉列表中选择字体。软件自带的字体有限,读者可以在网上下载字体安装文件，选择下载的.otf 或.ttf 格式的安装文件，右击，在弹出的快捷菜单中选择"安装"选项，即可将下载的字体进行安装，如图 7.25 所示。在 Photoshop 的字符面板中可以选择该字体。

图 7.25　安装字体

字重：当字体存在多种字重选项时，可以选择一种字重。

字号：单击右侧的下拉按钮 ⌄ ，可以在下拉列表中选择字号数值，也可输入需要的字号数值，或者将光标置于 ᴛ 上，按住鼠标左键水平拖动也可改变字体大小。

行距与字间距：与调节字号的设置方法相同。

比例间距：用来设置文字的字符间距，一般情况下保持默认即可。

垂直缩放与水平缩放：使文字在垂直或水平方向上拉长或压扁，如图 7.26 所示。

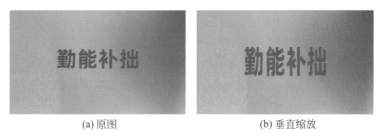

(a) 原图　　　　　　　　　　　　　　(b) 垂直缩放

图 7.26　垂直缩放

颜色：单击"颜色"右侧的色块，在"拾色器（文本颜色）"对话框中可以设置需要的颜色，如图 7.27 所示。

特殊文字样式：在字符面板中，除了以上常用的属性之外，还有设置粗体、斜体、上标、下标等补充类型的属性，读者可以自行试验这些属性的作用。

7.2.2　创建段落文字

段落文字的性质类似于在 Word 文档中插入的文本框，当文字长度超过文本框时可以自动换行，文本框也可以拉长或缩短。选择横排文字工具 ᴛ ，将光标置于画布中，按住鼠标左键并拖曳，即可绘制文本框，如图 7.28 所示。

松开鼠标后，输入文字即可。当文字长度超过文本框的长度时，文字会自动换行，如图 7.29(a) 所示。当输入的文字过多，导致文本框的宽度不够时，文本框以下的内容会被隐藏，将文本框向下拉动增大宽度后，隐藏的文字会显示出来，如图 7.29(b) 所示。

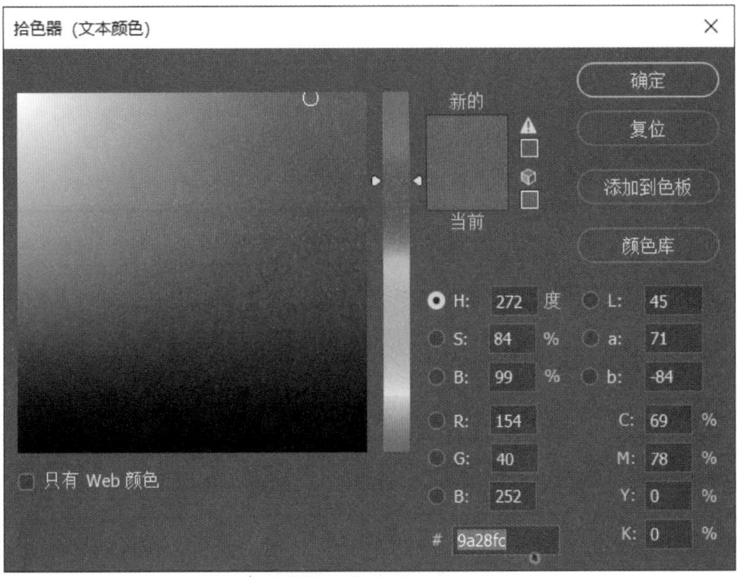

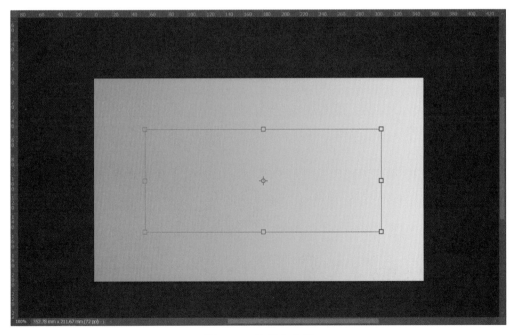

图 7.27 设置颜色

图 7.28 绘制文本框

段落文字创建后,执行"窗口"→"段落"命令,或单击工具属性栏中的字符面板按钮,并在弹出面板中选择"段落"选项,可以设置段落文字的对齐方式、缩进参数等,如图 7.30 所示。

左/居中/右对齐文本:选择"左对齐文本"选项可以使段落文字左侧对齐,右侧会参差不齐;选择"居中对齐文本"选项可以使段落文字居中对齐;选择"右对齐文本"选项可以使段落文字右侧对齐,左侧参差不齐,如图 7.31 所示。

最后一行左/居中/右对齐:选择"最后一行左对齐"选项,最后一行文字左对齐,其他行

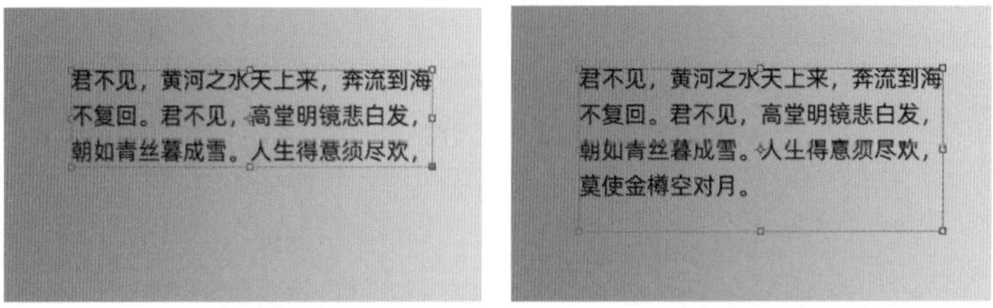

图 7.29　创建段落文字

（a）自动换行　　　　　　　　　　（b）调整文本框大小

图 7.30　段落面板

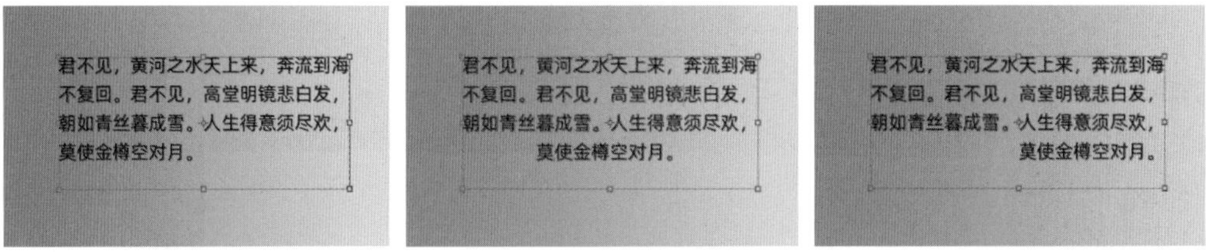

（a）左对齐　　　　　　　（b）居中对齐　　　　　　　（c）右对齐

图 7.31　左/居中/右对齐文本

左右两端对齐；选择"最后一行居中对齐"选项，最后一行文字居中对齐，其他行左右两端对齐；选择"最后一行右对齐"选项，最后一行文字右对齐，其他行左右两端对齐，如图 7.32所示。

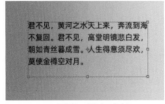
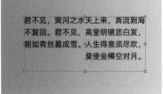

（a）最后一行左对齐　　　　　（b）最后一行居中对齐　　　　　（c）最后一行右对齐

图 7.32　最后一行对齐

全部对齐：在字符间添加间距，使段落文本左右两端全部对齐，如图 7.33所示。

缩进：调整左缩进参数，数值为正时，段落文字左侧边界向右侧移动，数值为负时，段落文字左侧边界向左侧移动；调整右缩进参数，数值为正时，段落文字右侧边界向左侧移动，数值为负时，段落文字右侧边界向右侧移动；调整首行缩进参数，数值为正时，首行左侧边界向右移动，数值为负时，首行左侧边界向左移动。效果如图 7.34所示。

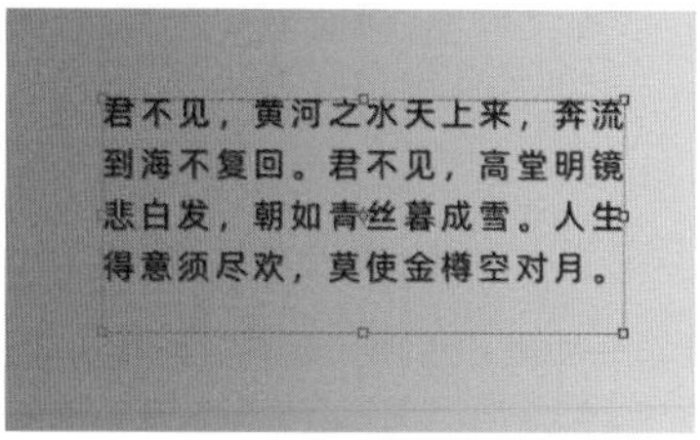

图 7.33 全部对齐

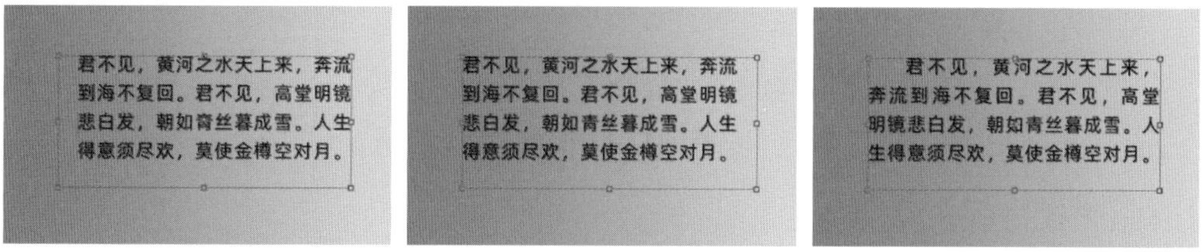

（此处为图 7.34 的三幅图）

(a) 左缩进(正值)　　　　　(b) 右缩进(正值)　　　　　(c) 首行缩进(正值)

图 7.34 缩进

　　避头尾法则设置：根据语法规定,标点符号不能位于句首。单击"避头尾法则设置"右侧的下拉按钮,可以在下拉列表中选择"无""JIS 宽松""JIS 严格"选项,如图 7.35 所示。选择"无"选项,段落文字可能存在标点符号位于句首的情况;选择"JIS 宽松"和"JIS 严格"选项,可以使段落文字避免出现标点符号位于句首的问题。

　　以上内容详细讲解了点文本与段落文本的知识,这两种文字形式可以互相转换。若要将点文本转换为段落文本,先在图层面板中选择此文字图层,右击,在弹出的快捷菜单中选择"转换为段落文本"选项即可;若要将段落文本转换为点文本,先选择此文字图层,右击,在弹出的快捷菜单中选择"转换为点文本"选项即可,如图 7.36 所示。

图 7.35 避头尾法则设置 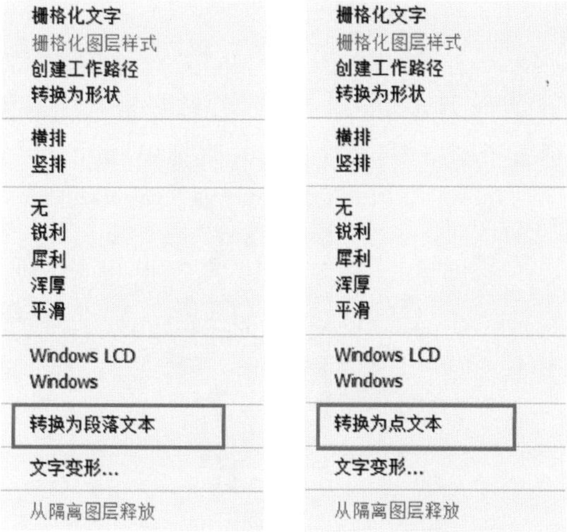　　　　图 7.36 点文本与段落文本转换

7.2.3　创建路径文字

　　路径文字是一种按规定路径排列的文字,常用于创建排列不规则的文字行。创建路径

文字前,需要先使用钢笔工具或形状工具绘制路径,然后在该路径上输入文字,即可创建路径文字,如图 7.37 所示。

图 7.37　路径文字

1. 绘制路径

创建路径文字前,需要先创建路径。创建路径的方式有两种:一种是通过钢笔工具绘制;另一种是通过形状工具绘制。

使用钢笔工具绘制路径时,先选择钢笔工具 ✍,在工具属性栏中将类型改为"路径",然后将光标置于画布中,单击创建一个锚点,如图 7.38(a)所示。移动鼠标后再次单击并按住鼠标左键拖动,如图 7.38(b)所示。通过手柄可以调整两个锚点之间路径的弯曲度。

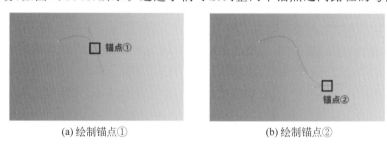

(a) 绘制锚点① 　　　　　　　　　(b) 绘制锚点②

图 7.38　使用钢笔工具绘制路径

使用形状工具也可绘制路径,先选择形状工具 ▦,然后在工具属性栏中选择"路径"选项,将光标置于画布中,按住鼠标左键拖曳,即可绘制闭合路径,如图 7.39 所示。

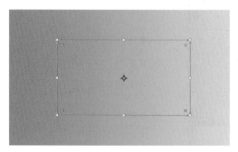

图 7.39　使用形状工具绘制路径

2. 创建路径文字

通过钢笔工具或形状工具绘制好路径后,选择文字工具 T,将光标置于路径上,此时光标变为 ↧,单击后即可输入文字,如图 7.40 所示。

观察发现,图 7.40 中的路径文字位于路径外。若要使文字位于路径内,先选择路径选

(a) 绘制路径　　　　　　　　　　　　　　(b) 路径文字

图 7.40　创建路径文字

择工具 ![k]，然后将光标置于路径文字上，此时光标变为 ![J]，按住鼠标左键向内拖动即可使路径文字位于路径内，如图 7.41 所示。

图 7.41　使路径文字置于路径内

7.2.4　创建区域文字

区域文字与路径文字类似，都需要先创建路径。区域文字以封闭路径为边界，文字只排列在路径内。先使用钢笔工具或形状工具在画布中绘制闭合路径，如图 7.42(a)所示。将光标置于路径内，此时光标变为 ![I]，输入文字即可创建区域文字，如图 7.42(b)所示。

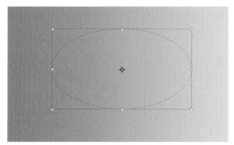
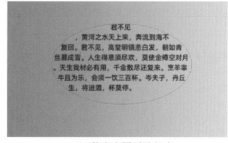

(a) 绘制闭合路径　　　　　　　　　　　　(b) 将文字置于路径内

图 7.42　创建区域文字

7.2.5　创建变形文字

在 Photoshop 中，可以运用文字工具属性栏中的变形选项创建变形文字。使用文字工具输入文字后，在工具属性栏中单击"创建文字变形"按钮 ![图]，在弹出的"变形文字"对话框中，单击"样式"右侧下拉按钮，在下拉列表中选择需要的变形样式即可，如图 7.43 所示。

文字工具

(a) "变形文字"对话框   (b) 文字

图 7.43 变形文字

7.2.6 实操案例:电商促销海报

文字是传递信息的重要元素,文字可以作为正文传递信息,也可以作为画面的主视觉元素,本案例将文字作为画面的主视觉元素。

【**step1**】 新建大小为 1242×2208 像素、分辨率为 72 像素/英寸、颜色模式为 RGB 颜色、背景内容为白色的画布,勾选"画板"下的复选框,图层面板会自动创建一个空白图层,如图 7.44 所示。

【**step2**】 在图层面板中选择软件自动创建的空白图层,单击前景色色块,将填充颜色设置为♯d70009,在工具栏中选择直排文字工具,输入"劲省",将文字的填充颜色设置为黑色,字体设置为优设标题黑,文字大小设置为 450 点,在字符面板中将文字的间距设置为 —200。复制该文字图层,输入文字"闪购",适当调整文字的位置,如图 7.45 所示。

【**step3**】 同时选择两个文字图层,按 Ctrl+T 快捷键,右击,在弹出的快捷菜单中选择"斜切"选项,使文字产生倾斜效果。使用文字工具输入副标题文字"618 年中特惠",将字体设置为优设标题黑,填充颜色设置为黑色,适当调整文字的位置,如图 7.46 所示。

【**step4**】 选择矩形工具,绘制一个矩形,在属性面板中将填充设置为无,描边颜色设置为黑色,描边粗细设置为 2 像素。多次复制该矩形框,调整矩形框的大小和位置。使用钢笔工具绘制最大矩形的对角线,并进行复制旋转,如图 7.47 所示。

【**step5**】 在图层面板中选择一条对角线,按 Ctrl+Alt+J 快捷键进行复制,按 Ctrl+T 快捷键调出自由变换定界框,在属性面板中将旋转角度值设置为 8°,然后按 Ctrl+Shift+Alt+T 快捷键重复复制。选择另一个对角线图层,执行相同的操作进行重复复制,如图 7.48 所示。

图 7.44　新建文件　　　　　　　　　　　　图 7.45　创建主题文字

图 7.46　创建副标题文字　　　　图 7.47　绘制线条　　　　图 7.48　复制线条

【step6】　同时选择所有的倾斜线条,按 Ctrl＋G 快捷键将这些线条进行编组,单击图层面板下方的 ▣ 按钮创建图层蒙版,按住 Ctrl 键的同时单击最大的矩形框的图层缩览图,按 Ctrl＋Shift＋I 快捷键反转选区,将前景色设置为黑色,使用画笔工具在图层蒙版中涂抹,隐藏矩形框外的线条,如图 7.49 所示。

【step7】　绘制一个圆角矩形,将填充颜色设置为♯06f663,描边颜色设置为黑色,描边粗细设置为 1 像素,使用横排文字工具输入"618 年中嗨购惠 限时秒杀",文字填充设置为黑色,如图 7.50 所示。

135

第 7 章

文字工具

图 7.49 创建蒙版

图 7.50 创建标签

【step8】 选择椭圆工具,在属性面板中选择"路径"选项,绘制一个椭圆路径,按 Ctrl+T 快捷键调出自由变换定界框,将椭圆路径进行旋转,选择横排文字工具,输入"618 年中嗨惠 购 限时秒杀",通过使用路径选择工具可以改变文字的方向和位置,如图 7.51(a)所示。添 加其他文字信息和点缀要素,最终效果如图 7.51(b)所示。

(a)输入文字

(b)最终效果

图 7.51 创建路径文字

7.3 文字蒙版工具

视频讲解

在 Photoshop 中,右击文字工具图标 **T**,可以在弹出的快捷菜单中选择横排文字蒙版工具 **T** 和直排文字蒙版工具 **T**,由此创建文字选区。通过文字蒙版工具建立文字选区后,可以在此基础上进行选区操作,例如填充颜色、抠图、删除选区内图像等。

新建一张画布或打开一张背景图像,选择横排文字工具,在工具属性栏中设置字体、字号等属性,然后将光标置于画布中,单击,此时画布被半透明的红色效果覆盖,如图 7.52(a)所示。输入文字后,按 Enter 键完成输入,此时文字会变为选区,如图 7.52(b)所示。

(a) 设置画布　　　　　　　　　　(b) 文字变为选区

图 7.52　输入文字

值得注意的是,在输入文字后,按 Enter 键完成输入之前,将光标置于文字外,按住鼠标左键可以移动文字。按住 Ctrl 键,调出自由变换定界框,可以对文字进行缩放、旋转等操作。

7.4 编 辑 文 字

视频讲解

在 Photoshop 中,使用文字工具建立文字图层后,可以对文字进行自由变换操作,例如缩放、旋转等,也可以将具有矢量特征的文字图层转换为像素图层、形状图层或路径,本节将详细讲解这些操作。

7.4.1　文字的自由变换

选择需要进行自由变换的文字图层,按 Ctrl+T 快捷键调出自由变换定界框,右击,在弹出的快捷菜单中选择需要的变换样式,如图 7.53 所示。

值得注意的是,当需要进行自由变换的文字为段落文字时,可以直接使用其自带的定界框对文字进行旋转、缩放、斜切操作。按住 Ctrl 键,并将光标置于定界框 4 个角的一个锚点上,向内或向外拖动,即可改变文字大小。按住 Ctrl 键,并将光标置于定界框的中间锚点上,拖动鼠标即可对文字进行斜切操作。将光标置于定界框 4 个角的外侧,当光标图标变为 ↵ 时,拖动鼠标即可旋转文字。

7.4.2　栅格化文字图层

通过栅格化文字图层可以将文字图层转换为像素图层,从而使转换后的文字具有像素

图 7.53　自由变换选项

图层的特点。先在图层面板中选择文字图层，然后将光标置于图层名称后的空白处并右击，在弹出的快捷菜单中选择"栅格化文字"选项，即可将文字图层转换为像素图层。

7.4.3　将文字转换为形状

文字图层具有矢量特征，将文字图层转换为形状后，在该文字上会自动创建许多锚点，通过改变锚点的位置可以对文字进行更多的变形操作。在图层面板中选择文字图层，然后将光标置于图层名称后的空白处并右击，在弹出的快捷菜单中选择"转换为形状"选项，即可将文字图层转换为形状图层。

7.4.4　创建文字的工作路径

"创建文字的工作路径"命令可以以文字的轮廓创建工作路径。先选择文字图层，然后将光标置于图层名称后的空白处并右击，在弹出的快捷菜单中选择"创建工作路径"选项，即可创建文字的工作路径，如图 7.54(a)所示。创建好文字后，可以将文字图层删除，而文字路径不会被删除，如图 7.54(b)所示。

(a) 创建文字的工作路径　　　　　　　　　　(b) 结果

图 7.54　文字工作路径

第8章　钢笔工具与形状工具

本章学习目标

- 熟悉路径的相关知识。
- 熟练掌握钢笔工具的使用。
- 熟练掌握形状工具的使用。

在 Photoshop 中,可以使用钢笔工具和形状工具绘制各种各样的矢量图像,通过编辑矢量图像上的锚点可以更改元素的形态。本章将详细讲解路径与锚点的概念和使用,具体阐述钢笔工具组与形状工具组中的各种工具的使用。

8.1　矢量工具基础知识

视频讲解

8.1.1　矢量图像

矢量图像也称为面向对象的图像或绘图图像,在数学上定义为一系列由线连接的点。矢量文件中的图形元素称为对象。每个对象都是一个自成一体的实体,它具有颜色、形状、轮廓、大小等属性。

矢量图像是根据几何特性来绘制图形的,可以是直线或曲线,也可以是二者的组合。矢量图像的特点是放大后图像不会失真,和分辨率无关,适用于图形设计、文字设计和一些标志设计、版式设计等,如图 8.1 所示。

图 8.1　矢量图像

8.1.2　认识路径与锚点

路径的含义包含许多种,例如磁盘中的地址路径、HTML 中链接的绝对路径(网址)等。图形设计软件中的路径是指所绘图形的轮廓,路径不包括任何像素,但可以填充颜色或为路径添加描边。绘制完路径或形状后,可以在路径面板中找到所绘制的路径,如图 8.2 所示。

在 Photoshop 中,绘制路径的工具包括钢笔工具和形状工具。除此以外,使用文字工具创建文字图层后,可以将文字图像转换为文字路径,具体的操作方法在第 7 章已经详细讲解。与选区(必须是闭合式)不同,路径可以是开放式、闭合式和组合式,如图 8.3 所示。

图 8.2　路径面板

  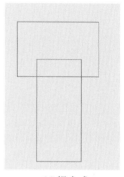

(a) 开放式　　　　　　　　(b) 闭合式　　　　　　　　(c) 组合式

图 8.3　路径样式

　　针对开放式路径,可以使用钢笔工具使断开的路径闭合;针对闭合路径,使用直接选择工具 ▶ 删除路径上的锚点,从而使闭合的路径断开。

　　路径是由一或多条直线段或曲线段组成的轮廓,这些直线段或曲线段的两端端点即为锚点。根据实际需要,可以添加或删除路径上的锚点。使用直接选择工具选择某一锚点后,该锚点两侧会显示两条控制手柄,通过调节控制手柄的方向和长度,可以控制路径的走向,如图 8.4 所示。

 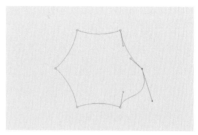

(a) 调整前　　　　　　　　　　　　　(b) 调整后

图 8.4　锚点

　　根据路径的平滑状况,锚点分为平滑点和角点两种类型。当锚点所处的路径转折平滑时,该锚点的两条控制手柄在一条直线上,此类锚点称为平滑点;当锚点所处的路径转折不平滑时,该锚点的两条控制手柄呈夹角状,此类锚点称为角点,如图 8.5 所示。

　　选择一个平滑点,然后选择钢笔工具,将光标置于该锚点上,按住 Alt 键的同时单击,即可将平滑点转换为角点。也可以直接使用转换点工具 ▶ 对锚点类型进行转换。

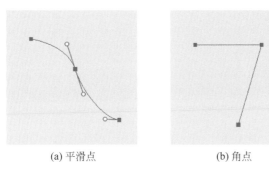

(a) 平滑点   (b) 角点

图 8.5 锚点分类

8.1.3 选择绘图模式

    使用钢笔工具和形状工具可以绘制路径、形状、像素 3 种类型的图形,其中,在路径和形状模式下绘制的元素都属于矢量路径。在使用钢笔工具或形状工具绘制图像前,需要先在工具属性栏中选择所需的绘图模式,如图 8.6 所示。

图 8.6 绘图模式

    选择"形状"模式后,可以绘制带有矢量路径和填充描边属性的形状图层;选择"路径"模式后,可以绘制独立的路径;选择"像素"模式后,可以绘制带有填充属性的像素图像,如图 8.7 所示。值得注意的是,当选择"像素"模式绘制图像时,需要先按 Ctrl+Shift+Alt+N 快捷键新建空白像素图层。

(a) "形状"模式   (b) "路径"模式   (c) "像素"模式

图 8.7 绘图模式

8.2 钢笔工具组

视频讲解

    在日常生活中,使用钢笔可以灵活地绘制多种多样的线条或形状。同样地,在 Photoshop 中,使用钢笔工具可以绘制多种样式的图像元素,如路径、形状,通过添加锚点和操作每个锚点的控制手柄,可以灵活地绘制图像。钢笔工具组中除了钢笔工具外,还包括自由钢笔工具、弯度钢笔工具、添加锚点工具、删除锚点工具和转折点工具。

    本节将详细讲解钢笔工具组中各项工具的使用,利用钢笔工具抠取素材图片,搭配文字

钢笔工具与形状工具

工具等绘制节气海报，如图 8.8 所示。

图 8.8　节气海报

8.2.1　钢笔工具

在 Photoshop 中，使用钢笔工具 （快捷方式为按 P 键）可以绘制灵活多样的路径或形状。选择钢笔工具后，可以在工具属性栏中设置相关参数，绘制完成后，利用工具属性栏可以再次修改参数。

1. 绘制形状

使用钢笔工具绘制形状前，需要在工具属性栏的绘图样式中选择"形状"选项，各项参数设置如图 8.9 所示。下面主要介绍常用属性的作用。

图 8.9　钢笔工具属性栏

绘图模式：单击该下拉按钮，在下拉列表中选择需要的绘图模式。

填充：若在绘图模式中选择"形状"选项，绘制好图像后，单击色块可以调出填充设置面板，如图 8.10 所示。若选择"无填充"选项，则所绘制形状无填充色；若选择"纯色"选项，然后单击拾色器 ，可以在"拾色器"对话框中设置填充的颜色；若选择"渐变填充"选项，可以在面板中设置渐变颜色和渐变方式；若选择"图案填充"选项，可以选择一种图案进行填充。

描边：该项参数也只能在绘图模式为"形状"的前提下有效，设置方式与填充相同。

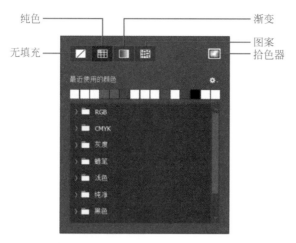

图 8.10　填充面板

描边粗细：该项参数可以控制描边的粗细，单击右侧的 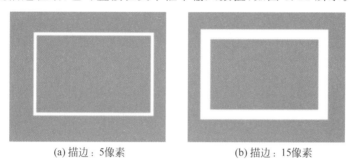 按钮，在弹出的控制条上拖动鼠标即可改变描边粗细，也可直接在文本框中输入数值，如图 8.11 所示。

(a) 描边：5 像素　　　　　　　　　(b) 描边：15 像素

图 8.11　描边粗细

描边样式：单击该选项框，在弹出的设置面板中可以选择描边的样式（直线、虚线），如图 8.12(a)所示。单击"更多选项"按钮，可以自定义虚线描边样式，如对齐、端点、角点、虚线与间隙，如图 8.12(b)所示。

(a) 描边选项

(b) 更多选项

图 8.12　描边样式

宽度/高度：在文本框中输入数值即可改变所绘制图像的大小，激活宽度与高度中间的

钢笔工具与形状工具

链条 ,可以锁定长宽比。

布尔运算:单击 按钮,可以在下拉列表中选择一种布尔运算的方式,如图 8.13 所示。

路径选项:单击"路径选项"按钮 ,在弹出的面板中可以设置路径线的粗细、颜色,如图 8.14 所示。值得注意的是,在路径选项中设置的图形形状只会影响新创建图形,不会更改已经绘制的图形。

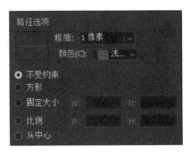

图 8.13　布尔运算　　　　　　　图 8.14　路径选项

选择钢笔工具,在工具属性栏中设置好相关参数,即可在画布中绘制所需元素。使用钢笔工具绘制形状时,既可绘制直线又可绘制曲线,如图 8.15 所示。当需要创建由直线组成形状时,先在画布中单击创建一个起始锚点,然后移动光标,再次单击即可创建直线;当需要创建由曲线组成的形状时,先创建一个起始锚点,然后移动光标,再次按住鼠标左键并拖动鼠标即可绘制曲线。

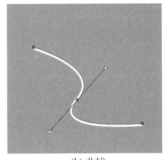

(a) 直线　　　　　　　　　　　(b) 曲线

图 8.15　绘制直线和曲线

2. 绘制路径

使用钢笔工具绘制路径前,需要在工具属性栏的绘图样式中选择"路径"选项,各项参数设置如图 8.16 所示。

图 8.16　钢笔工具属性栏

使用钢笔工具可以绘制直线路径和曲线路径,绘制方式与绘制形状时一样。在 8.1 节的内容中已经提及,路径可以是开放的,也可以是闭合的。若要绘制闭合路径,则需要使最后一段路径的终点与起点重合,如图 8.17(a)所示;若要绘制开放路径,则只需绘制完最后一段路径后,按住 Ctrl 键的同时单击结束绘制操作即可,如图 8.17(b)所示。

绘制完路径后,通过工具属性栏可以再次编辑该路径,如图 8.18 所示。在路径面板选

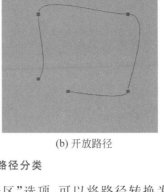

| (a) 闭合路径 | (b) 开放路径 |

图 8.17　路径分类

中绘制的路径后,在钢笔工具属性栏中单击"选区"选项,可以将路径转换为选区,利用选区可以抠取素材图片,因此,使用钢笔工具可以实现精确抠图。若在钢笔工具属性栏中选择"蒙版"选项,则可以创建蒙版(将在后面章节详细讲解);若选择"形状"选项,可以将路径转换为具有填充和描边属性的形状。

图 8.18　钢笔工具属性栏

在实际工作中,经常需要将一幅画面的部分图像抠取出来,当目标图像不规则并且与背景的颜色差异不明显时,就需要灵活运用钢笔工具沿着目标图像的边缘绘制路径,然后按Ctrl+Enter 快捷键将路径转换为选区,按 Ctrl+J 快捷键即可将选区内的图像抠取出来,如图 8.19 所示。

| (a) 绘制路径 | (b) 转换为选区 |

图 8.19　钢笔工具抠图

8.2.2　自由钢笔工具

自由钢笔工具与钢笔工具类似,也可绘制路径和形状,不同的是,自由钢笔工具可以绘制比较随意的路径和形状,不需要手动创建锚点,只需按住鼠标左键拖动即可绘制路径或形状,松开鼠标后,软件会自动在路径上创建锚点,如图 8.20 所示。

8.2.3　弯度钢笔工具

弯度钢笔工具具有与钢笔工具相似的属性,选择该工具绘制元素前,同样需要在工具属性栏中选择绘图模式,如形状、路径。不同的是,弯度钢笔工具绘制的路径或形状都是弯曲的,不能绘制直线,如图 8.21 所示。

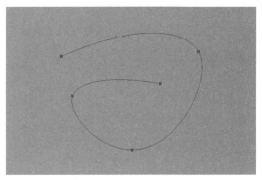

图 8.20　自由钢笔工具　　　　　　　　　　　　图 8.21　弯度钢笔工具

8.2.4　添加和删除锚点工具

使用钢笔工具或形状工具绘制完路径或形状后,路径上有许多控制锚点。使用钢笔工具组中的添加锚点工具 ![icon] 可以在路径上增加锚点,使用删除锚点工具 ![icon] 可以删除路径上的锚点,如图 8.22 所示。

(a)原始路径　　　　　　　　　(b)添加锚点　　　　　　　　　(c)删除锚点

图 8.22　添加/删除锚点工具

使用删除锚点工具删除路径上的锚点时,需要先将光标置于锚点上,此时光标变为 ![icon] ,单击即可删除该锚点。若需要同时删除多个锚点,可以在选择删除锚点工具后,框选这些需要删除的锚点,然后按 Delete 键即可将选择的锚点都删除。

使用添加锚点工具增加路径上的锚点时,需先将光标置于路径上需要添加锚点的位置,此时光标变为 ![icon] ,单击即可添加锚点。

8.2.5　转换点工具

在 8.1.2 节的内容中阐述了平滑点与角点的概念,使用转换点工具 ![icon] 可以实现平滑点与角点之间的转换。若需要将平滑点转换为角点,则先选择转换点工具,然后将光标置于该锚点上,单击即可将平滑点转换为角点,曲线路径也会转换为直线路径,如图 8.23 所示。

若需要将角点转换为平滑点,则先选择转换点工具,然后将光标置于该锚点上,单击并按住鼠标左键向左或向右拖曳,即可将角点转换为平滑点,如图 8.24 所示。

值得注意的是,使用钢笔工具时,按住 Alt 键可以切换为转换点工具;使用直接选择工

(a) 平滑点

(b) 角点

图 8.23　平滑点转角点

(a) 角点

(b) 平滑点

图 8.24　角点转平滑点

具 ↖ 时，按住 Ctrl＋Alt 快捷键可以切换为转换点工具。

8.2.6　实操案例：营销海报

使用钢笔工具不仅可以绘制形态丰富的矢量形状，也常用来抠取复杂的图像，本案例利用钢笔工具抠取海报所需的主体元素，搭配文字工具创建一幅节气海报。

【step1】　新建大小为 1242×2208 像素、分辨率为 72 像素/英寸、颜色模式为 RGB 颜色、背景内容为白色的画布，勾选"画板"下的复选框，如图 8.25 所示。

图 8.25　新建文件

【step2】 打开素材图 8-1.png，将该素材复制到项目文件中，将该图片顺时针旋转 90°，适当调整素材图片的位置和大小，在选择该素材图层的前提下，执行"滤镜"→"模糊"→"高斯模糊"命令，将该图片进行高斯模糊，参考参数值设置为 140，如图 8.26 所示。

图 8.26　编辑素材图片

【step3】 观察发现，高斯模糊后的图片有些暗淡，单击图层面板下方的 按钮，在调色列表中选择"色相/饱和度"选项，单击属性窗口下方的 按钮，使该调色图层只作用在下方的图片上。适当调整色相、饱和度和明度的参数值，如图 8.27 所示。

图 8.27　调整色相/饱和度

【step4】 再次单击图层面板下方的  按钮,在调色列表中选择"亮度/对比度"选项,单击属性窗口下方的 按钮,使该调色图层只作用在下方的图片上。适当调整亮度和对比度的参数值,如图 8.28 所示。

图 8.28 调整亮度/对比度

【step5】 选择直排文字工具,输入"立秋"作为标题文字,将字体设置为思源宋体,字重设置为"Heavy",适当调整文字的字间距、大小和位置,如图 8.29 所示。

图 8.29 创建标题文字

【step6】 使用直排文字工具,输入"风吹一片叶 万物已惊秋",将文字的字体设置为思源宋体,字重设置为"Bold",文字大小设置为 40 像素,适当调整文字的大小和位置,如图 8.30 所示。

钢笔工具与形状工具

图 8.30　输入并调整文案

【step7】　打开素材图 8-2.jpg,如图 8.31 所示。

【step8】　选择钢笔工具,在工具属性栏中将绘图模式设置为"路径",按住 Alt 键＋鼠标中键滚轮,可以调整画布在窗口的显示大小,将图片放大,然后沿着枫叶的边缘绘制路径。按住 Enter 键＋鼠标左键移动图片在窗口中的显示位置,连续使用钢笔工具沿着素材边缘绘制路径,直至路径闭合,如图 8.32 所示。

图 8.31　打开素材

图 8.32　绘制路径

【step9】　按 Ctrl＋Enter 快捷键将路径转换为选区,按 Ctrl＋J 快捷键将选区内的图像抠取出来,然后将抠取的素材复制到项目文件中,适当调整素材的大小和位置,如图 8.33 所示。

【step10】　打开素材图 8-3.png,将该素材复制到项目文件中,适当调整大小和位置,使用文字工具输入"时令节气",如图 8.34 所示。

图 8.33　复制抠取的图片素材

图 8.34　添加印章

【step11】　使用文字工具创建其他阅读性文字，及时管理图层，将同一模块的内容进行编组并重命名，效果图与本案例的图层面板如图 8.35 所示。

(a) 效果图

(b) 图层面板

图 8.35　效果图和图层面板

第 8 章

钢笔工具与形状工具

视频讲解

8.3　形状工具组

使用钢笔工具和形状工具可以绘制精美的矢量图像,在图标设计、卡通形象设计、插画设计等领域广泛应用。形状工具组包括矩形工具、椭圆工具、三角形工具、多边形工具、直线工具和自定形状工具,如图 8.36 所示,本节将详细讲解这些工具的使用。

图 8.36　形状工具组

8.3.1　矩形工具

矩形工具可以绘制矩形和正方形的路径、形状和像素图形。与钢笔工具一样,使用矩形工具绘制元素前,需要在工具属性栏中设置绘图模式以及其他参数,如图 8.37 和图 8.38 所示。

图 8.37　"形状"模式属性栏

图 8.38　"路径"模式属性栏

观察可见,矩形工具属性栏与钢笔工具属性栏相同,在此不再赘述。以"形状"模式为例,设置好各项参数后,将光标置于画布中,按住鼠标左键并拖动即可在画布中绘制矩形元素,如图 8.39(a)所示。若要创建正方形形状,只需在绘制图像的同时按住 Shift 键即可,如图 8.39(b)所示。

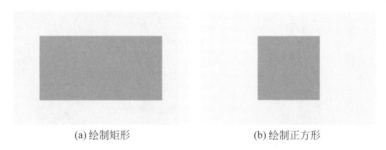

(a)绘制矩形　　　　　　　　　　(b)绘制正方形

图 8.39　矩形工具

绘制完图像后,通过工具属性栏可以对图像进行再编辑操作,如修改填充或描边颜色、调整宽高大小等。针对图像大小,还可以使用自由变换(按 Ctrl＋T 快捷键)进行修改。

选择矩形工具后,在工具属性栏中可以设置圆角的参数值,绘制的是圆角矩形。参数越大,圆角越大,如图 8.40 所示。在新版本的软件中,可以使用路径选择工具改变圆角矩形的圆角大小,绘制完成一个矩形或者圆角矩形,选择路径选择工具,此时该矩形的 4 个角内侧出现 图标,将光标置于该图标上,拖动即可改变矩形的圆角大小。

圆角矩形绘制完成后,执行"窗口"→"属性"命令,可以调出属性面板,在该面板中可以

(a) 圆角为10   (b) 圆角为20

图 8.40   圆角矩形

修改圆角矩形的长度、宽度、外观、圆角半径等属性,如图 8.41 所示。

在属性面板中可以修改已绘制圆角矩形的宽和高、填充/描边的样式和颜色、圆角参数的半径等。其中,在修改圆角参数时,可以在参数文本框中输入参数,也可以将光标置于 ⬜ 按钮上,按住鼠标左键向右拖曳增大圆角,向左拖曳减小圆角,激活前侧的链条 ⊖ 后,可以同时改变 4 个角的圆角半径。

属性面板还提供了蒙版设置项,单击属性面板中的 ◉ 按钮即可切换到蒙版设置面板,如图 8.42 所示。

图 8.41   属性面板

图 8.42   蒙版设置面板

在"羽化"属性的文本框中输入数值或拖曳控制条可以设置形状的羽化效果,数值越大,羽化效果越明显,如图 8.43 所示。

8.3.2   椭圆工具

椭圆工具可以绘制椭圆和正圆,其工具属性栏设置与矩形工具属性栏相同,在此不再赘

153

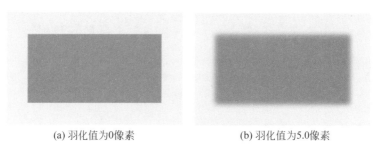

(a) 羽化值为0像素   (b) 羽化值为5.0像素

图 8.43　羽化

述。选择椭圆工具![圆]后,在工具属性栏中选择需要的绘图模式,然后将光标置于画布中,按住鼠标左键并拖动即可绘制椭圆,如图 8.44(a)所示。若要绘制正圆,可以按住 Shift 键或 Shift+Alt 快捷键(以单击点为中心)进行创建,如图 8.44(b)所示。

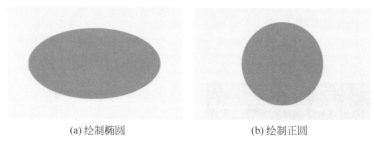

(a)绘制椭圆   (b)绘制正圆

图 8.44　椭圆工具

　　绘制好椭圆形状后,执行"窗口"→"属性"命令,可以在属性面板中设置椭圆的大小、羽化值等参数。

8.3.3　三角形工具

　　使用三角形工具可以绘制三角形。选择三角形工具,在工具属性栏中选择绘制模式后,即可在画布上绘制三角形,按住 Shift 键的同时拖动鼠标可以绘制正三角形,如图 8.45(a)所示。通过设置圆角参数,可以绘制圆角三角形,如图 8.45(b)所示。

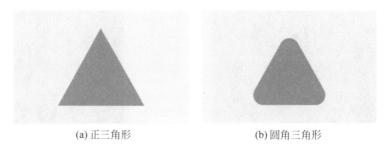

(a)正三角形   (b)圆角三角形

图 8.45　三角形工具

　　绘制完成三角形后,执行"窗口"→"属性"命令,可以在属性面板中设置三角形的大小、外观、羽化等参数,在此不再赘述。

8.3.4　多边形工具

　　使用多边形工具可以绘制多边形和星形,选择多边形工具![多边形]后,可以在工具属性栏中设置相关参数,包括绘图模式、边数等,如图 8.46 所示。

图 8.46 多边形工具属性栏

设置边数:在文本框中输入数值即可,数值范围为 3～100 的整数。例如,输入的数值为 3,可以创建三角形;输入的数值为 6,可以创建六边形,如图 8.47 所示。

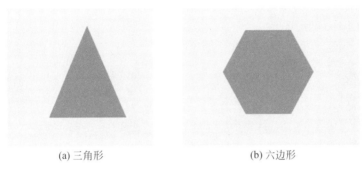

(a) 三角形 (b) 六边形

图 8.47 绘制多边形

设置其他形状和路径选项:单击属性栏中的 ⚙ 按钮,在弹出的面板中可以设置路径选项和星形比例参数,参数设置如图 8.48 所示。

粗细/颜色:用来设置路径的显示样式,一般保持默认即可。

不受约束/对称/固定大小/比例/自由格式:在绘制图形前,选择其中一个单选按钮即可。这 5 个单选按钮下绘制的图形不同。例如,选择"比例"单选按钮,在后方的参数框中设置宽度和高度的比例参数,即可绘制该比例的形状,如图 8.49 所示。其他 4 种模式在此不再赘述,读者可以自行试验。

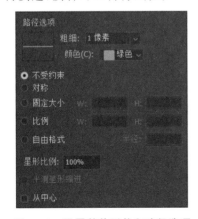

图 8.48 设置其他形状和路径选项

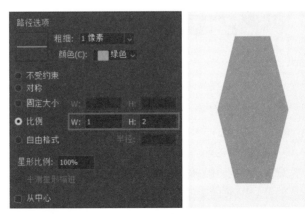

图 8.49 选中"比例"模式

星形比例:用来设置星形的尖锐程度,参数为 1%～100%,参数值越小,星形越尖锐,如图 8.50 所示。

平滑星形缩进:当"星形比例"的参数值不为 100% 时,"平滑星形缩进"选项才是可选择

钢笔工具与形状工具

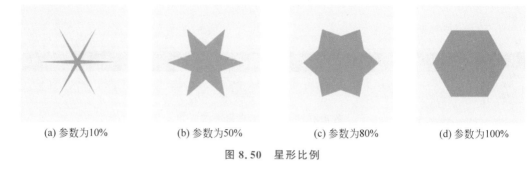

(a) 参数为10%　　　(b) 参数为50%　　　(c) 参数为80%　　　(d) 参数为100%

图 8.50　星形比例

的。选择该选项后，绘制的多边星形的边具有一定弧度。星形比例参数值会影响平滑星形的呈现效果，如图 8.51 所示。

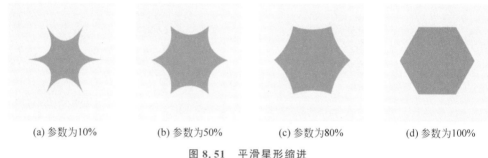

(a) 参数为10%　　　(b) 参数为50%　　　(c) 参数为80%　　　(d) 参数为100%

图 8.51　平滑星形缩进

8.3.5　直线工具

直线工具可以绘制直线和带有箭头的直线。选择直线工具 ∕ 后，可以在工具属性栏中设置相关参数，例如绘图模式、填充或描边的颜色和样式等，如图 8.52 所示。在"粗细"文本框中输入参数可以控制直线的粗细，数值越大，直线越粗。

设置其他形状和路径选项

设置粗细

图 8.52　直线工具属性栏

若要绘制带有箭头的直线，可以单击工具属性栏中的 ⚙ 按钮进行设置。先选择直线工具，单击工具属性栏中的 ⚙ 按钮，勾选"箭头"下方的"起点"或"终点"复选框，然后绘制直线，即可使直线的起点或终点带有箭头，如图 8.53 所示。

宽度/长度：用来设置箭头的宽度和长度。

凹度：用来设置箭头的凹陷程度，参数值范围为$-50\%\sim50\%$。当参数设置为 0 时，箭头尾部对齐；当参数设置为正值时，箭头尾部向内凹陷；当参数设置为负值时，箭头尾部向外凸出，如图 8.54 所示。

8.3.6　自定义形状工具

自定义形状工具可以创建多种样式的形状、路径和像素，选择自定义形状工具 ✿ 后，可

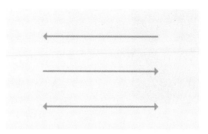

图 8.53　设置箭头

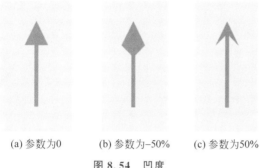

(a) 参数为0　　(b) 参数为−50%　　(c) 参数为50%

图 8.54　凹度

以在工具属性栏中设置相关参数,例如填充或描边的颜色和样式、形状等,在"形状"属性下可以选择软件预设的形状,如图 8.55 所示。

图 8.55　自定义形状工具属性栏

单击工具属性栏中"形状"右侧的下拉按钮 ,可以在弹出的预设形状中选择需要的形状。在使用自定义形状时,除了可以使用 Photoshop 自带的形状外,还可以载入外部形状。在自定义形状工具属性栏中选择需要的形状后,将光标置于画布中并按住鼠标左键拖动,即可绘制所选样式的形状。

8.4　路径与形状编辑

视频讲解

使用钢笔工具和形状工具绘制好形状或路径后,经常需要对这些形状或路径进行再次编辑,从而使图像符合实际需要。在 Photoshop 的工具栏中,设置了路径选择工具和直接选择工具,使用这两种工具可以再次编辑路径,通过路径面板也可以对路径进行相关操作,本节将详细讲解路径与形状的再编辑操作。利用形状工具和再编辑操作绘制具有空间感的图标,如图 8.56 所示。

8.4.1　路径选择工具

移动工具可以移动选择图层中的图像,例如文字、像素图像、形状等。若需要移动的对

钢笔工具与形状工具

图 8.56　浏览器图标

象是路径,那么必须使用路径选择工具 ▶(快捷方式为按 A 键),使用该工具可以移动路径、删除路径、复制路径等。8.1 节已经介绍了路径的概念,使用钢笔工具和形状工具可以绘制路径,也可以绘制带有路径的形状。当绘制的元素为形状时,使用路径选择工具移动的不仅是路径,而且是形状,如图 8.57 所示。同样地,使用路径选择工具选择路径后,按 Delete 键删除,既会删除路径也会删除形状。

使用移动工具搭配 Alt 键可以复制图层内的图像,同样地,使用路径选择工具搭配 Alt 键也可以复制路径,如图 8.58 所示。

图 8.57　移动路径

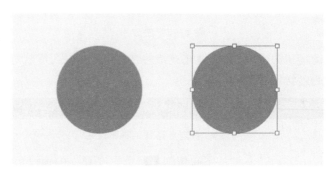

图 8.58　复制路径

8.4.2　直接选择工具

使用直接选择工具 ▶ 可以选择路径上的一个或多个锚点,然后对选择的锚点进行移动、删除等操作,如图 8.59 所示。若要选择多个锚点,按住 Shift 键的同时点选需要选择的锚点即可。

直接选择工具的另一个作用在于调节锚点的控制手柄,从而调整路径的弯曲程度和方向。选择直接选择工具后,选择需要调整的锚点,此时锚点的两条控制手柄显示出来,将光标置于需要调节的控制手柄的端点,按住鼠标左键并拖动即可调整路径,如图 8.60 所示。

8.4.3　布尔运算

形状的布尔运算被广泛运用于图形设计中,特别是图标设计、Logo 设计等。绘制形状时,根据实际需要,可以在形状属性栏中选择布尔运算的样式,如图 8.61 所示。

| (a) 原图 | (b) 删除锚点 | (c) 移动锚点 |

图 8.59　直接选择工具

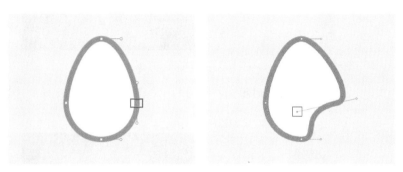

图 8.60　调节控制手柄

新建图层：每绘制一次形状，图层面板中都会新增一个形状图层，各个形状之间不会产生合并、交叉等运算，如图 8.62 所示。

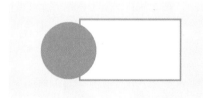

图 8.61　布尔运算　　　　　　　　图 8.62　新建图层

合并形状：选择该选项（或按住 Shift 键的同时绘制新的形状），新绘制的图形会添加到原有的图形中，并且图层面板中不会新增形状图层，如图 8.63 所示。若要单独编辑合并形状中的某个形状，可以使用路径选择工具选择该形状的路径，然后进行移动、删除、自由变换等操作。

图 8.63　合并形状

减去顶层形状：选择该选项（或按住 Alt 键的同时绘制新的形状），可以从原来图形中减去新绘制的图形，并且图层面板中不会新增形状图层，如图 8.64 所示。

与形状区域相交：选择该选项（或按住 Alt＋Shift 快捷键的同时绘制新的形状），可以

钢笔工具与形状工具

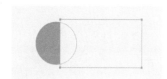

图 8.64　减去顶层形状

得到新图形与原有图形的交叉区域,如图 8.65 所示。

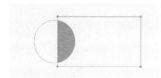

图 8.65　与形状区域相交

排除重叠形状:选择该选项,可以得到新图形与原有图形重叠部分以外的区域,如图 8.66 所示。

图 8.66　排除重叠形状

合并形状组件:使用布尔运算绘制完形状后,选择路径选择工具,单击某一路径,然后按住 Shift 键的同时单击其他路径,可以同时选择多条路径,最后,在工具属性栏中选择"合并形状组件"选项,可以将选择的路径合并,如图 8.67 所示。

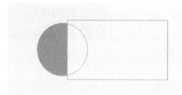

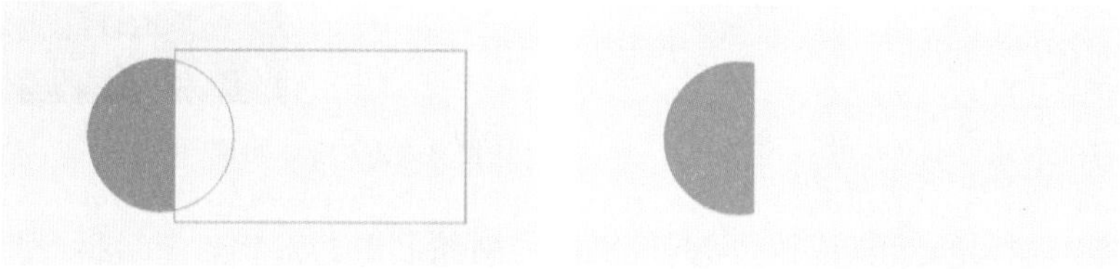

(a) 原始路径　　　　　　　　　　　　(b) 合并路径后

图 8.67　合并形状组件

8.4.4　实操案例:浏览器图标

使用形状工具绘制完成基础形状后,可以利用布尔运算对绘制的基础形状进行切割或组合。本案例利用椭圆工具和布尔运算绘制具有空间效果的图标。

【step1】　新建尺寸为 1200×1200 像素、分辨率为 72 像素/英寸、颜色模式为 RGB 颜色、背景内容为白色的画布,如图 8.68 所示。

【step2】　选择矩形工具 ,在工具属性栏中设置填充颜色色值为 7559bf,将光标置于画布中,单击,在弹出的"创建矩形"对话框中宽度和高度都设置为 700 像素,4 个圆角半径都设置为 80 像素,单击"确定"按钮,如图 8.69 所示。

【step3】　选择椭圆工具,在工具属性栏中将填充颜色设置为任意纯色,描边设置为

图 8.68　新建画布

图 8.69　创建圆角矩形

"无",将光标置于画布中并单击,在弹出的"创建椭圆"对话框中设置宽度和高度均为 380 像素,单击"确定"按钮,如图 8.70 所示。

图 8.70　创建正圆形

【step4】 重复 step3 的操作，绘制宽度和高度为 280 像素的正圆形，按住 Ctrl 键的同时单击大圆的图层缩览图，将此大圆载入选区，然后选择移动工具的同时选择小圆图层，在工具属性栏中单击"垂直居中对齐"按钮 ▮▮ 和"右对齐"按钮 ▮ ，如图 8.71 所示。

图 8.71　绘制正圆形

【step5】 选择"椭圆 2"图层，按 Ctrl+J 快捷键复制该图层，并将复制的图层命名为"椭圆 3"，单击图层缩览图前的 ◉ 按钮，使该图层不可见。

【step6】 按住 Shift 键的同时单击"椭圆 1"图层和"椭圆 2"图层，然后执行"图层"→"合并形状"→"减去顶层形状"命令，如图 8.72 所示。

图 8.72　减去顶层形状 1

【step7】 创建一个横向的参考线，使该参考线穿过月牙状图形的中心。选择矩形工具，在工具属性栏中设置绘图模式为"形状"，然后在图层面板中选择"椭圆 2"图层，按住 Alt 键的同时绘制矩形（减去顶层形状），使矩形的最上面的边切入月牙的中心，如图 8.73（a）所示。减去月牙形状的下半部分后，在形状属性栏的布尔运算中选择"合并形状组件"选项，使路径合并，如图 8.73（b）所示。

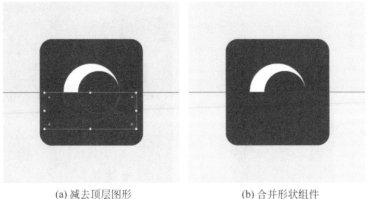

(a) 减去顶层图形　　　　　　　(b) 合并形状组件

图 8.73　减去顶层形状及合并形状组件

【step8】　单击"椭圆 3"图层缩览图前的 ■ 按钮,使该形状图层可见,在属性面板中重置形状的填充颜色,使形状的颜色与图 8.73 中的月牙形状区分开,如图 8.74(a)所示。使用椭圆工具再绘制一个宽度和高度都为 180 像素的正圆形,命名为"椭圆 4",使用移动工具使新绘制的形状与"椭圆 3"图层中的圆形左对齐、垂直居中对齐,如图 8.74(b)所示。

(a) 设置填充　　　　　　　　(b) 绘制椭圆

图 8.74　绘制正圆

【step9】　同时选择"椭圆 3"图层和"椭圆 4"图层,执行"图层"→"合并形状"→"减去顶层形状"命令,如图 8.75 所示。

【step10】　重复 step7 的操作,减去黄色月牙图像的下半部分,如图 8.76 所示。

【step11】　选择"椭圆 4"图层,在工具属性栏中的布尔运算列表中选择"合并形状组件",将路径进行合并,选择"椭圆 2"图层与"椭圆 4"图层,按 Ctrl+J 快捷键复制这两个图层,按 Ctrl+T 快捷键调出自由变换定界框,然后右击,在弹出的快捷列表中选择"垂直翻转"选项,按 Enter 键完成自由变换,如图 8.77(a)所示。选择移动工具,按 ↓ 键将复制的两个图层移动到原图的下方,如图 8.77(b)所示。

【step12】　选择复制的两个图层,按 Ctrl+T 快捷键调出自由变换定界框,然后右击,在弹出的快捷菜单中选择"水平翻转"选项,按 Enter 键完成自由变换,如图 8.78(a)所示。同时选择"椭圆 2"图层和"椭圆 4 复制"图层,按 Ctrl+E 快捷键将选择的两个图层合并为一个图层;同时选择"椭圆 4"图层和"椭圆 2 复制"图层,按 Ctrl+E 快捷键将选择的两个图层

图 8.75　减去顶层形状 2

图 8.76　减去顶层形状 3

(a) 垂直翻转　　　　　　　　　　　(b) 移动

图 8.77　复制图层

合并为一个图层,如图 8.78(b)所示。

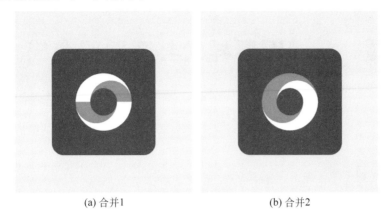

(a) 合并1　　　　　　　　　　(b) 合并2

图 8.78　合并图层

【step13】　选择其中一个月牙图层,选择形状工具,在工具属性栏中设置填充样式为
"渐变"。单击色彩渐变条,在"渐变编辑器"对话框中单击色彩条下方的色标![icon],将色值设
置为 00d4dc,单击右侧的![icon],将色值设置为 ffffff,然后单击"新建"按钮,将设置好的渐变样
式保存到预设选项中,如图 8.79 所示。

【step14】　选择另一个月牙图层,选择形状工具,在工具属性栏中设置填充样式为"渐
变",在预设渐变中选择 step13 中新建的渐变样式,然后单击"反向渐变颜色"按钮![icon],效果
如图 8.80 所示。

图 8.79　设置渐变

图 8.80　效果图

钢笔工具与形状工具

第9章　图层样式与图层混合模式

本章学习目标

- 熟练掌握图层样式的相关知识。
- 掌握图层混合模式的使用。

在 Photoshop 中,图层是图像的基础和基石,使用工具栏的画笔工具、文字工具、形状工具等绘制相关元素后,可以为这些图形添加多种多样的图层样式。另外,通过设置图层的混合模式可以使上层图层与下层图层的颜色产生多种样式的混合,从而产生独特的色彩效果。本章将详细讲解各种图层样式的设置方法和各种图层混合模式的特点。

视频讲解

9.1　图层样式

Photoshop 提供了多种图层样式,使用这些图层样式可以为图层添加多种样式的图层效果,例如斜面和浮雕、描边、内阴影、内发光、光泽、颜色叠加、渐变叠加、图案叠加、外发光和投影,如图 9.1 所示。选中某一图层样式后,可以进入参数设置面板设置相关参数,从而使图层中的图像具有特殊的效果。

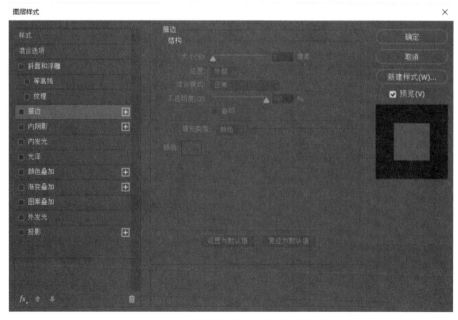

图 9.1　图层样式面板

本节将详细讲解图层样式的使用方法,利用形状工具和图层样式绘制具有光影效果的拟物手表,如图 9.2 所示。

图 9.2　绘制的手表

9.1.1　添加图层样式

在 Photoshop 中,可以使用多种方法为图层添加图层样式。第一种方法是在图层面板中选择需要添加图层样式的图层,然后执行"图层"→"图层样式"命令,在右侧的列表中选择所需的样式,即可进入图层样式面板,如图 9.3(a)所示。第二种方法是先选择需要添加图层样式的图层,然后将光标置于图层名称后方的空白处,双击即可调出图层样式面板,如图 9.3(b)所示。第三种方法是单击图层面板的 fx 按钮,在弹出的列表中选择所需的样式,也可调出图层样式面板,如图 9.3(c)所示。

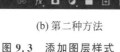

(a) 第一种方法　　　　　　(b) 第二种方法　　　　　　(c) 第三种方法

图 9.3　添加图层样式

图层样式与图层混合模式

在图层样式面板中设置完成所选样式的相关参数外,单击"确定"按钮,即可为图层创建图层样式,如图9.4(a)所示。创建好图层样式后,该图层后方出现 fx 标志,单击其后的三角箭头,可以将效果列表折叠起来,再次单击,可以展开效果列表,如图9.4(b)所示。

(a) 为图层创建图层样式   (b) 隐藏图层样式

图 9.4　创建图层样式

图 9.5　修改图层样式

添加图层样式后,可以对该图层样式进行再编辑,包括修改、隐藏、删除、复制等。若需要修改已创建图层样式中的参数,可以将光标置于需要修改的样式名称上,然后双击,即可调出图层样式设置面板。若需要隐藏已创建的图层样式,可以在图层面板中单击样式名称前的 ◉ 按钮。若需要删除已创建的图层样式,可以将该图层样式拖曳到"删除"按钮上,如图9.5所示。

在某些特殊情况下,需要将某个图层的图层样式复制到另一个图层上,此时可以先选中需要复制图层样式的图层,右击,在弹出的快捷菜单中选择"拷贝图层样式"选项,然后选择需要粘贴图层样式的图层,右击并在弹出的快捷菜单中选择"粘贴图层样式"选项即可。另外,也可以将光标置于需要复制的图层样式上,按住 Alt 键的同时按住鼠标左键将样式拖曳到另一图层上,松开鼠标即可。

9.1.2　斜面和浮雕

"斜面和浮雕"样式可以为图层添加阴影和高光,从而使图像产生立体效果,如图9.6所示。

在图层面板中选择一个图层,双击图层名称后方的空白处,在弹出的图层样式面板中单击"斜面和浮雕"即可,在右侧的设置面板中可以设置"斜面和浮雕"的各项参数,如图9.7所示。下面介绍重要属性的作用。

样式:单击右侧的下拉按钮,可以选择斜面和浮雕的样式,包括外斜面、内斜面、浮雕效果、枕状浮雕和描边浮雕。其中,外斜面是指在图像的外侧边缘创建斜面;内斜面是指在图

(a) 无图层样式　　　　　　　　　(b) 添加图层样式

图 9.6　斜面和浮雕

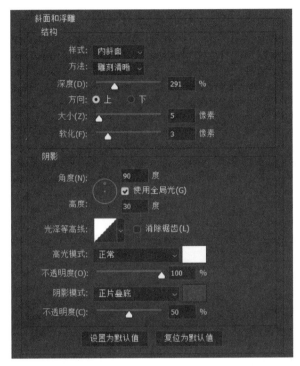

图 9.7　斜面和浮雕属性

像的内侧边缘创建斜面；浮雕效果可以使图像相对于下层图层产生浮雕状的效果；选择"枕状浮雕"选项，可以模拟图像的边缘嵌入下层图层中产生的效果；选择"描边浮雕"选项，可以将浮雕应用于图层的描边样式的边界，若该图层未添加描边样式，则不会产生效果，如图 9.8 所示。

(a) 外斜面　　　　(b) 内斜面　　　　(c) 浮雕效果　　　　(d) 枕状浮雕　　　　(e) 描边浮雕

图 9.8　样式

方法：单击右侧的下拉按钮，可以选择浮雕的效果，包括平滑、雕刻清晰和雕刻柔和。

图层样式与图层混合模式

选择"平滑"选项,可以使浮雕的边缘柔和。选择"雕刻清晰"选项,可以使浮雕的边缘最清晰。选择"雕刻柔和"选项,可以得到中等水平的浮雕效果,如图 9.9 所示。

(a) 平滑   (b) 雕刻清晰   (c) 雕刻柔和

图 9.9   方法

深度:拖动控制条上的滑块或在文本框中输入参数,可以调整浮雕的深度,值越大,浮雕效果的立体感越强,如图 9.10 所示。

方向:用来改变高光与阴影的方向。选择"上"单选按钮,光源从上往下照射,高光区域在上方,阴影在下方;选择"下"单选按钮,光源从下往上照射,高光区域在下方,阴影在上方。

大小:拖动控制条上的滑块或在文本框中输入参数,可以调整斜面和浮雕的阴影面积的大小。

软化:用来控制斜面和浮雕的平滑程度,数值越大,平滑程度越大,如图 9.11 所示。

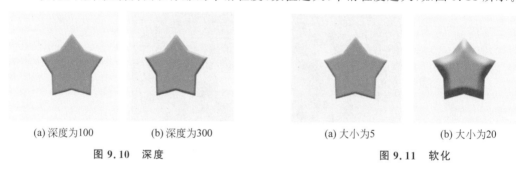

(a) 深度为100   (b) 深度为300   (a) 大小为5   (b) 大小为20

图 9.10   深度   图 9.11   软化

角度/高度:"角度"选项用来设置光源的发光角度,"高度"选项用来设置光源的高度。

使用全局光:勾选该复选框,会使所有图层的浮雕样式的光照角度都相同。

高光模式/不透明度:单击右侧的色块,可以在"拾色器"对话框中设置高光颜色,拖动不透明度的滑块或输入参数,可以控制高光的不透明度。

阴影模式/不透明度:单击右侧的色块,可以在"拾色器"对话框中设置阴影颜色,拖动不透明度的滑块或输入参数,可以控制阴影的不透明度。

设置为默认值/复位为默认值:单击"设置为默认值"按钮,可以将以上设置的参数保存为默认值。单击"复位为默认值"按钮,可以将以上参数复位为默认值。

9.1.3 描边

使用"描边"样式可以为图像添加纯色、渐变、图案描边,在图层样式面板中单击"描边"选项,可以在右侧设置描边的相关参数,如图 9.12 所示。

大小:拖动控制条的滑块或在文本框中输入参数,可以改变描边的粗细,数值越大,描边越粗。

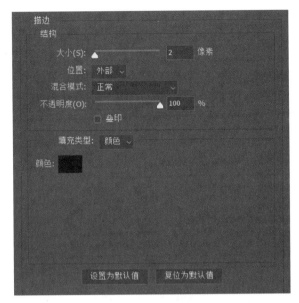

图 9.12　描边属性

位置：单击"位置"右侧的下拉按钮 ，可以在下拉列表中选择"外部""内部""居中"选项，如图 9.13 所示。

(a) 外部　　　　　　　　(b) 内部　　　　　　　　(c) 居中

图 9.13　描边位置

混合模式：单击右侧的下拉按钮，可以选择需要的混合模式（关于混合模式的知识将在9.3 节讲解）。

不透明度：拖动控制条的滑块或在文本框中输入参数，可以调整描边的不透明度。

填充类型：单击右侧的下拉按钮，可以选择填充的类型，包括颜色、渐变和图案。当选择"颜色"选项时，可以单击下方的色块，并在"拾色器"对话框中设置描边颜色；当选择"渐变"选项时，可以设置渐变颜色、样式、角度等；当选择"图案"选项时，可以选择图案的样式，如图 9.14 所示。

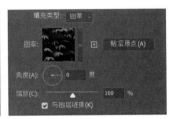

(a) 选择"颜色"选项　　　(b) 选择"渐变"选项　　　(c) 选择"图案"选项

图 9.14　填充类型

图层样式与图层混合模式

9.1.4 内阴影

使用"内阴影"样式可以为图像添加内凹的阴影效果,在图层样式面板中单击"内阴影"选项,可以在右侧设置相关参数,如图 9.15 所示。

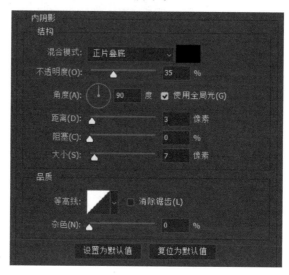

图 9.15　内阴影属性

混合模式:单击右侧的下拉按钮,可以在下拉列表中选择需要的混合模式。

阴影颜色:单击混合模式后的色块,可以在"拾色器"对话框中设置阴影的颜色。一般情况下,当颜色设置为黑色或暗色时,混合模式为"正片叠底",以此创造内部阴影效果;当阴影颜色设置为白色,需要将混合模式设置为"滤色",以此创造高光效果,如图 9.16 所示。

不透明度:拖曳控制条的滑块或在文本框中输入数值,即可改变内阴影的不透明度,数值越大,阴影颜色越清晰。

角度:拖动指针或在文本框中输入参数,即可改变内阴影的角度,取值范围为$-180°\sim$ $180°$,如图 9.17 所示。若勾选"使用全局光"复选框,会使所有图层样式的光照角度都相同。

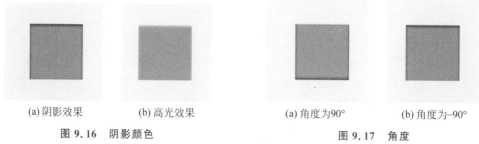

| (a) 阴影效果 | (b) 高光效果 | (a) 角度为90° | (b) 角度为-90° |

图 9.16　阴影颜色　　　　　　　　　　**图 9.17　角度**

距离:拖动滑块或者在文本框中输入数值,可以设置内阴影与当前图像的距离,数值越大,偏移的距离越大。

大小:拖动滑块或在文本框中输入数值,可是设置内阴影的模糊范围,数值越大,模糊的范围越大。

9.1.5 内发光

使用"内发光"样式可以沿着图像边缘向内创建发光效果,在图层样式中单击"内发光"选项,可以在右侧设置相关参数,如图 9.18 所示。接下来介绍重点属性的作用。

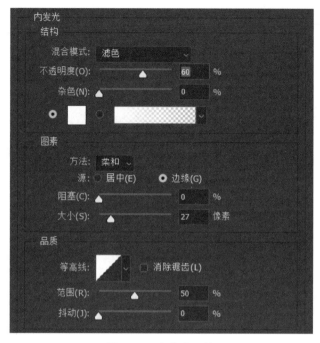

图 9.18 内发光属性

混合模式:单击其后侧的下拉按钮,可以在下拉列表中选择所需的混合样式,默认为"滤色"。

不透明度:拖曳控制条的滑块或在文本框中输入数值,即可改变该样式的不透明度。

杂色:在内发光效果中添加随机的杂色,使边缘呈现颗粒感。

颜色:在"杂色"下方可以选择发光颜色的样式,包括纯色和渐变。

阻塞:通过设置该参数可以改变内发光的尖锐程度,参数越大,发光的边缘越清晰,如图 9.19 所示。

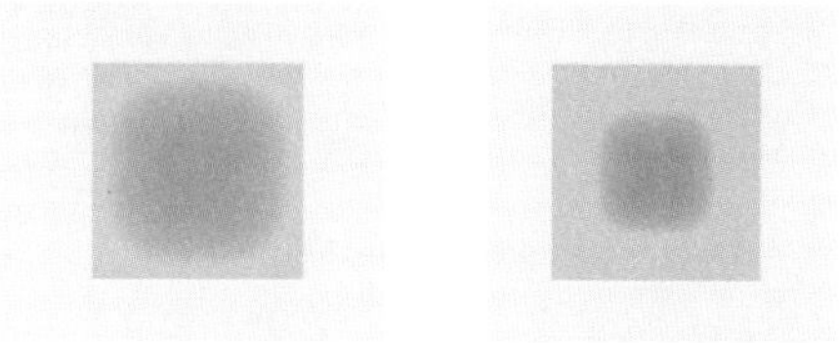

(a)阻塞为15%   (b)阻塞为50%

图 9.19 阻塞

大小:设置内发光的范围大小。

9.1.6 光泽

使用"光泽"样式可以为图像添加具有光泽的内部阴影,在图层样式中单击"光泽"选项,可以在右侧设置相关参数,如图 9.20 所示。

在光泽参数面板中可以设置光泽的混合模式、不透明度、角度、距离、大小、等高线等,在此不再赘述。

9.1.7 颜色叠加

使用"颜色叠加"样式可以改变图像的填充颜色,在图层样式中单击"颜色叠加"选项,可以在右侧设置相关参数,如图9.21所示。

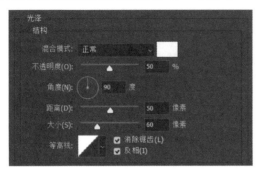

图 9.20　光泽属性　　　　　　　　图 9.21　颜色叠加属性

混合模式:单击其右侧的下拉按钮,可以在下拉列表中选择所需的混合样式,默认为"正常"。

颜色:单击混合模式后的色块,可以在弹出的"拾色器"对话框中设置颜色。

不透明度:拖动滑块或在文本框中输入参数,即可改变颜色的不透明度。

设置好颜色叠加的各项参数后,单击"确定"按钮,即可为选择图层添加颜色叠加样式,如图9.22所示。

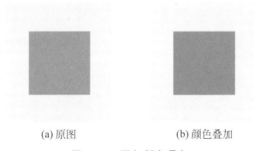

(a) 原图　　　　　　　　　　(b) 颜色叠加

图 9.22　添加颜色叠加

9.1.8 渐变叠加

使用"渐变叠加"样式可以为图像添加颜色渐变,单击"渐变叠加"选项,可以在右侧设置相关参数,如图9.23所示。值得注意的是,若选中图层已添加了"颜色叠加"样式,那么为该图层添加渐变叠加无效。

混合模式:单击其右侧的下拉按钮,可以在下拉列表中选择所需的混合样式,默认为"正常"。

不透明度:用来设置渐变颜色的不透明度。

渐变:单击其后的色彩条,可以在弹出的"渐变编辑器"对话框中设置渐变样式,如图9.24所示。勾选"反向"复选框,可以使渐变的颜色倒转。

样式:单击右侧的下拉按钮,可以在下拉列表中选择渐变的样式,包括线性、径向、角

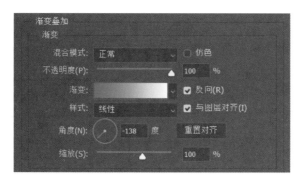

图 9.23　渐变叠加属性

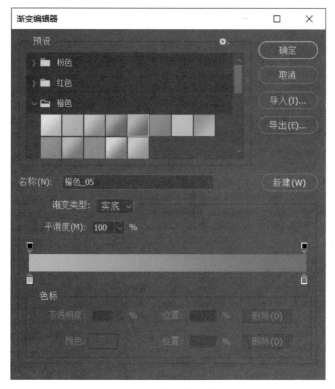

图 9.24　添加渐变叠加

度、对称和菱形。

角度：按住鼠标左键拖动指针或在文本框中输入参数，可以改变渐变的角度，取值范围为 $-180°\sim180°$。

缩放：用来设置渐变的过渡距离，参数值越大，渐变过渡越平滑，如图 9.25 所示。

9.1.9　图案叠加

使用"图案叠加"样式可以为图像添加图案，单击"图案叠加"选项，可以在右侧设置相关参数，如图 9.26 所示。值得注意的是，若选中图层已添加了"颜色叠加"样式或"渐变叠加"样式，那么为该图层添加图案叠加无效。

图案：单击右侧的 ![按钮] 按钮，可以在弹出的"预设图案"对话框中选择需要的图案，也可

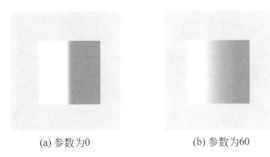

(a) 参数为0　　　　　(b) 参数为60

图 9.25　缩放

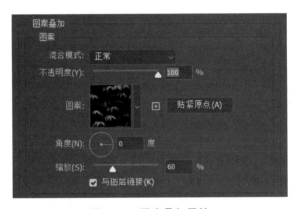

图 9.26　图案叠加属性

以单击右上方的 ⚙ 按钮,载入下载的图案或追加图案。

缩放:拖动控制条上的滑块或在文本框中输入参数,可以改变图案的大小,如图 9.27 所示。

(a) 参数为10　　　　　(b) 参数为50

图 9.27　图案

9.1.10　外发光

使用"外发光"样式可以为图像添加外发光效果,在图层样式面板中单击"外发光"选项,可以在右侧设置相关参数,如图 9.28 所示。

"外发光"的参数设置与"内发光"相似,在此不再赘述。选择需要添加外发光样式的图层,双击图层名称后的空白处,在弹出的图层样式中选择"外发光"选项,然后在右侧设置相关参数,单击"确定"按钮后即可,如图 9.29 所示。

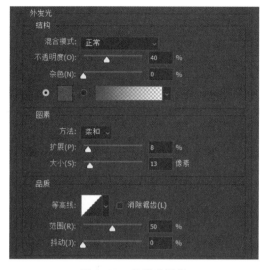

图 9.28 外发光属性

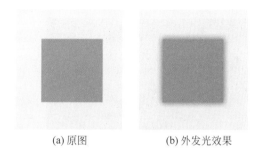

(a) 原图　　　　(b) 外发光效果

图 9.29 添加外发光

9.1.11 投影

使用"投影"样式可以为图像添加阴影,从而使图像具有光影效果。在图层样式面板中单击"投影"选项,可以在右侧设置相关参数,如图 9.30 所示。

单击混合模式后的色块,可以在"拾色器"对话框中设置投影的颜色。通过拖动角度的指针可以调节投影的角度。其他的参数与其他图层样式中的参数一样,在此不再赘述。设置好各项参数后,单击"确定"按钮即可,如图 9.31 所示。

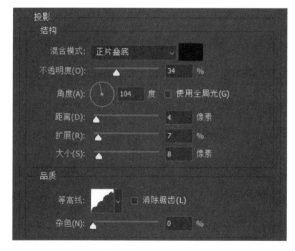

图 9.30 投影属性

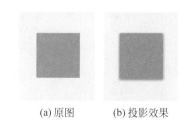

(a) 原图　　　　(b) 投影效果

图 9.31 添加投影

9.1.12 实操案例:拟物手表

使用形状工具搭配图层样式可以绘制具有光影效果的图像,本案例综合运用形状工具和图层样式绘制拟物风格的钟表盘图像。

【step1】 新建大小为 1000×750 像素、分辨率为 72 像素/英寸、颜色模式为 RGB 颜色、背景内容为白色的画布,勾选"画板"下的复选框,将文件名称设置为"手表",如图 9.32 所示。

【step2】 选择软件自动创建的空白图层"图层 1",在工具栏中选择渐变工具,在工具属性栏中单击渐变条,将渐变颜色设置为♯e8f8fd 到♯d0e0e2,将空白图层填充为设置的渐变颜色,如图 9.33 所示。

图 9.32　新建文件　　　　　　　　　　　图 9.33　背景图层填充渐变

【step3】 绘制一个 500×500 像素的正圆,在图层面板中双击该图层进入图层样式面板,在图层样式面板中单击"渐变叠加"选项,将渐变颜色设置为♯ecfeff 到♯cedee0,角度设置为−90°,缩放设置为 85％,如图 9.34 所示。

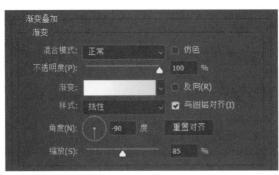

图 9.34　绘制正圆

【step4】 在图层样式面板中单击"内阴影"选项,将颜色设置为纯白色,不透明度设置为 50％,角度设置为−90°,距离设置为 7 像素,阻塞设置为 2％,大小设置为 5 像素,如图 9.35 所示。

【step5】 在图层样式面板中单击"内阴影"后方的 🞢 按钮,复制内阴影,在复制的内阴影属性中,将混合模式设置为正片叠底,不透明度设置为 5％,角度设置为−90°,距离设置

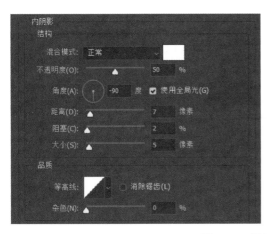

图 9.35　添加内阴影 1

为 10 像素,阻塞设置为 2%,大小设置为 5 像素,如图 9.36 所示。

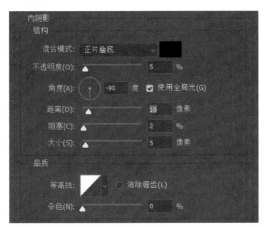

图 9.36　添加内阴影 2

【step6】　使用椭圆工具绘制一个 462×462 像素的正圆形,将该圆中心对齐画布。将填充颜色设置为♯deeaf0,将描边设置为渐变,渐变颜色设置为♯3d3534 到♯6f6f6f,如图 9.37 所示。

【step7】　使用椭圆工具分别绘制一个大小为 396 像素的正圆形(椭圆 3),再绘制一个大小为 335 像素的正圆形(椭圆 4),将这两个椭圆的填充颜色都设置为♯dfeaf0。选择椭圆 3,进入图层样式面板,添加投影,将混合模式设置为正片叠底,颜色设置为♯696d70,不透明度设置为 25%,角度设置为 90°,距离设置为 3 像素,扩展设置为 2%,大小设置为 4 像素。单击投影后方的 田 按钮,将混合模式设置为柔光,填充颜色设置为白色,不透明度设置为 34%,角度设置为−90°,距离设置为 3 像素,扩展设置为 2%,大小设置为 2 像素,如图 9.38 所示。

【step8】　选择椭圆 4 图层,在图层样式面板中单击"内阴影"选项,将混合模式设置为柔光,填充颜色设置为♯f3fafe,不透明度设置为 90%,角度设置为−90°,距离设置为 3 像素,阻塞设置为 0,大小设置为 2 像素。复制一个内阴影样式,将混合模式设置为正片叠底,颜色设置为♯3d3d3f,不透明度设置为 44%,角度设置为 90°,距离设置为 3 像素,阻塞设置

图 9.37 绘制正圆形 1

图 9.38 绘制正圆形 2

为 0，大小设置为 2 像素，如图 9.39 所示。

【step9】 选择矩形工具，绘制 1×224 像素的矩形，将填充颜色设置为♯0a0a0a，按 Ctrl＋J 快捷键复制该矩形条，按 Ctrl＋T 快捷键将该矩形旋转 6°，然后重复按 Ctrl＋Shift＋Alt＋T 快捷键进行重复复制，同时选择这些矩形条，按 Ctrl＋G 快捷键进行编组，如图 9.40 所示。

图 9.39 绘制正圆形 3

图 9.40 绘制刻度

【step10】 使用椭圆工具绘制一个正圆形，将填充颜色设置为♯dfeaf0，适当调整该正圆形，使该圆形遮挡住刻度的多余部分，适当调整刻度组的不透明度和大小，将椭圆 4 图层置于顶层，将刻度的不透明度设置为 40％，如图 9.41 所示。

【step11】 使用椭圆工具绘制 22×22 像素的正圆形，将填充颜色设置为 dfeaf0，在图层样式面板中选择"斜面和浮雕"选项，将样式设置为内斜面，方法设置为雕刻清晰，深度设置为 23％，方向设置为上，大小设置为 8 像素，软化设置为 0 像素，角度设置为 90°，高度设置为 20°，高光颜色设置为白色，图层模式设置为滤色，不透明度设置为 100％，阴影模式设置为柔光，颜色设置为黑色，不透明度设置为 100％，如图 9.42 所示。

【step12】 选择表盘中心的正圆，再添加投影样式，将混合模式设置为正片叠底，颜色设置为黑色，不透明度设置为 30％，角度设置为 90°，距离设置为 2 像素，扩展设置为 2％，大

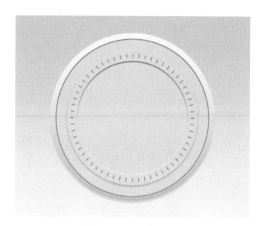

图 9.41 调整刻度

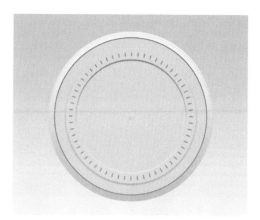

图 9.42 绘制表盘中心

小设置为 3 像素,如图 9.43 所示。

【step13】 使用矩形工具绘制 6×68 像素的矩形,将填充颜色设置为♯333333,将该图层重命名为"时针",复制该图层,执行"滤镜"→"模糊"→"高斯模糊"命令,将高斯模糊的参数值设置为 4 像素,然后将不透明度设置为 40%,如图 9.44 所示。

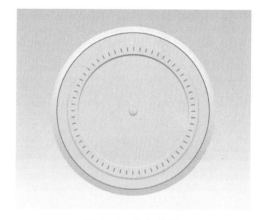

图 9.43 添加投影

图 9.44 绘制时针及阴影

【step14】 使用同样的方法绘制分针和秒针,将秒针的颜色填充为♯f81414,如图 9.45 所示。

【step15】 使用椭圆工具绘制一个 9×9 像素的小圆,填充颜色设置为♯b3c7d0,为小圆添加两层内阴影图层样式,内阴影的各项参数设置如图 9.46 所示。

【step16】 使用矩形工具绘制 9×18 像素的矩形,将圆角矩形设置为最大,重命名为小灰矩形,将填充颜色设置为♯a6b5bc,为该圆角矩形添加两层内阴影样式,具体参数如图 9.47 所示。

【step17】 复制并适当调整以上步骤绘制的小灰圆形和小灰矩形的位置,将部分小灰圆形的填充颜色修改为♯ec0000,如图 9.48 所示。

【step18】 使用矩形工具绘制一个矩形,然后利用椭圆工具绘制一个椭圆,将这两个形状合并,为该形状添加渐变叠加,效果如图 9.49 所示。

图 9.45　绘制分针和秒针

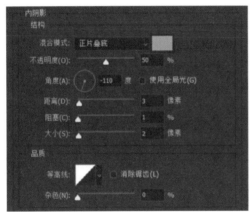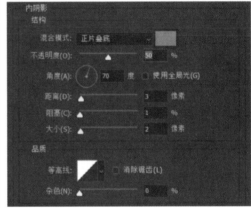

图 9.46　给小圆添加内阴影

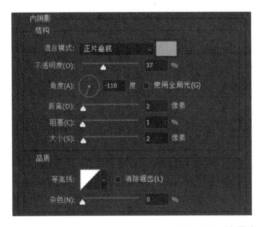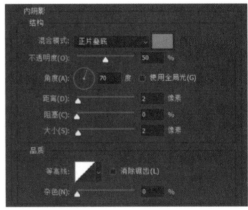

图 9.47　给圆角矩形添加内阴影

图 9.48　调整点缀图形　　　　　　图 9.49　拟物手表效果

9.2　管理图层样式

图层样式创建完成后,双击图层样式的名称,可以进入图层样式参数设置面板,从而进行参数调整。同时,还可以对这些图层样式进行多种操作,如显示与隐藏、复制与粘贴、删除等,本节将详细讲解这些操作。

9.2.1　显示与隐藏

9.1节内容讲解了各种图层样式的表现形式,创建好图层样式后,该图层下方会显示图层样式的名称,图层样式名称前有 👁 按钮,表示该图层样式可见,如图 9.50(a)所示。单击👁 按钮即可隐藏该图层样式,如图 9.50(b)所示。若需要将隐藏的图层样式显示,则再次单击该按钮即可。

(a) 显示图层样式　　　　　　(b) 隐藏图层样式

图 9.50　显示/隐藏图层样式

以上内容讲解了隐藏某一项图层样式的操作方法,若要将某一图层的所有图层样式全部隐藏,可以单击"效果"前的 👁 按钮,如图 9.51 所示。

图 9.51　全部显示/隐藏

9.2.2　复制与粘贴

一个图层的图层样式可以复制到另一图层,先选择图层样式所在的图层,右击,在弹出

184

的快捷菜单中选择"复制图层样式"选项,然后选择需要粘贴图层样式的图层,右击,在弹出的快捷菜单中选择"粘贴图层样式"选项即可。

另外,还可以使用一种更为便捷的方式复制、粘贴图层样式。首先将光标置于需要复制的图层样式上,可以是全部图层样式(光标置于"效果"上),也可以是某一种图层样式,然后按住 Alt 键的同时按住鼠标左键拖动到另一图层上,松开鼠标左键即可将图层样式复制到该图层,如图 9.52 所示。

图 9.52　复制、粘贴图层样式

9.2.3　删除

图层样式创建后,可以将多余的图层样式删除。首先将光标置于需要删除的图层样式上,然后按住鼠标左键的同时拖动到 🗑 按钮上,松开鼠标即可将该图层样式删除,如图 9.53 所示。

图 9.53　删除图层样式

9.3 图层混合模式

在现实生活中,将不同颜色的颜料进行混合,可以产生不同的色彩效果。在 Photoshop 中,上层图像会覆盖下层图像,利用图层面板的混合模式可以使上层图像与下层图像产生不同的颜色混合。

在图层面板中选择除背景图层外的任意图层,单击混合模式状态栏 正常 ,可以在弹出的下拉列表中选择需要的混合模式,例如正常/溶解、加深模式、减淡模式、对比模式等,本节将详细讲解这些混合模式的使用。

9.3.1 正常和溶解

默认情况下,图层的混合模式为正常。当上层图层的不透明度和填充都为 100% 时,上层图层的图像会覆盖下层。若将上层图层的不透明度降低,则可以使下层图层的图像显示出来,如图 9.54 所示。

(a) 不透明度为100%　　　　　　　　(b) 不透明度为60%

图 9.54　正常

当上层图层的不透明度和填充都为 100% 时,将图层的混合模式切换为溶解,不会产生任何效果。若将不透明度或填充设置为小于 100%,上层图层的图像会产生点状颗粒效果,如图 9.55 所示。

(a) 不透明度为100%　　　　　　　　(b) 不透明度为60%

图 9.55　溶解

9.3.2 加深模式

加深的混合模式包括变暗、正片叠底、颜色加深、线性加深、深色,这些混合模式都可以使图像变暗,当前图层的亮色部分会被下层较暗的像素代替。

变暗:上层图层中的亮色区域被下层图层中的暗色区域代替,上层图像中的暗色区域不变,如图 9.56 所示。

正片叠底:在该模式下,任何颜色与黑色混合产生黑色,任何颜色与白色混合保持不

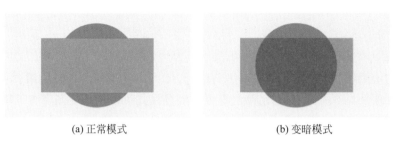

(a) 正常模式　　　　　　　　(b) 变暗模式

图 9.56　变暗

变,通常用于保留上层图层的暗色区域、去除亮色区域,如图 9.57 所示。

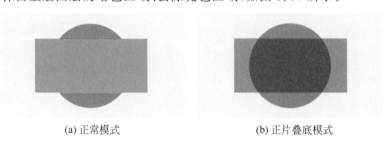

(a) 正常模式　　　　　　　　(b) 正片叠底模式

图 9.57　正片叠底

颜色加深/线性加深:颜色加深模式可以通过增加对比度使像素颜色加深,下层图层白色不变,如图 9.58(a)所示。线性加深模式通过减小亮度使像素变暗,白色混合不产生任何变化,如图 9.58(b)所示。

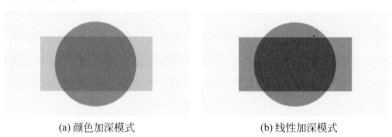

(a) 颜色加深模式　　　　　　(b) 线性加深模式

图 9.58　颜色加深/线性加深

深色:通过比较两个图像的所有通道的数值的总和,上层图像显示数值较小的颜色,如图 9.59 所示。

图 9.59　深色

9.3.3　减淡模式

减淡的混合模式与加深模式的效果相反,减淡模式可以使上层图像变亮,包括变亮、滤色、颜色减淡、线性减淡、浅色。在此仅讲解"滤色"模式的特征,其他模式读者可自行测验。

在图层面板中选择"滤色"模式后,上层颜色的白色部分会被保留,黑色部分被丢弃,如图 9.60 所示。

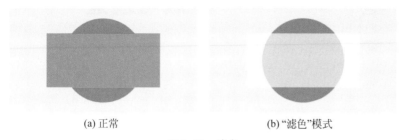

(a) 正常　　　　　　　　　　　　(b)"滤色"模式

图 9.60　滤色

9.3.4　对比模式

对比的混合模式可以加强图像色彩的差异,包括叠加、柔光、强光、亮光、线性光、点光、实色混合,在此仅讲解"叠加"样式,其他模式读者可自行测验。除了以上模式外,还有多种混合模式,例如差值、排除、减去、色相、饱和度、颜色等,在此不再赘述,读者可以自行测验其效果。

在"图层"面板中选择"叠加"模式后,上层图像中的亮色区域更亮,暗部更暗,并保留底色的明暗对比,如图 9.61 所示。

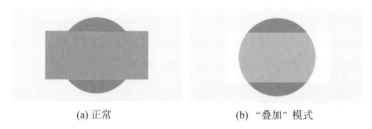

(a) 正常　　　　　　　　　　　(b) "叠加" 模式

图 9.61　叠加

图层样式与图层混合模式

第 10 章 　蒙版与通道

本章学习目标

- 熟练掌握图层蒙版、剪贴蒙版的使用。
- 掌握剪贴蒙版、矢量蒙版的建立与使用。
- 熟练掌握通道的基础知识与基本操作。
- 熟练使用通道进行抠图。

在 Photoshop 中，使用蒙版可以完成许多实用性操作，如抠图、隐藏部分图像等。蒙版分为快速蒙版、图层蒙版、剪贴蒙版和矢量蒙版 4 种，每种蒙版的作用和使用方法都不同。在实际工作中，通道常被用来抠取毛发。本章将详细讲解蒙版和通道的相关知识。

视频讲解

10.1　蒙版的应用

在实际项目中，蒙版会被经常使用，特别是图层蒙版和剪贴蒙版。使用图层蒙版可以隐藏图像中的部分内容，如图 10.1(a)所示；使用剪贴蒙版可以使上层图像只在下层图像的局域内显示，如图 10.1(b)所示。

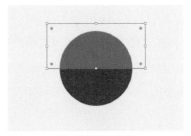

(a) 使用图层蒙版　　　　　　　　　　(b) 使用剪贴蒙版

图 10.1　图层蒙版与剪贴蒙版

本节将详细讲解图层蒙版、剪贴蒙版的使用方法和作用，利用图层蒙版和剪贴蒙版完成化妆品 banner 的制作，如图 10.2 所示。

10.1.1　图层蒙版

图层蒙版是一种非破坏性的编辑工具，广泛应用于图像合成中，通过控制图层蒙版中的黑、白、灰区域，可以十分灵活地调整图像中显示与隐藏的区域。本节将详细讲解图层蒙版的使用。

图 10.2　化妆品 banner

1. 创建图层蒙版

在 Photoshop 中，图层分为多种类型，如像素图层、形状图层、文字图层等，这些图层都可以创建图层蒙版。在图层面板中选择需要添加图层蒙版的图层，单击图层面板下方的 ▣ 按钮，即可为选择的图层创建蒙版，如图 10.3 所示。

在图层蒙版中，黑色区域代表隐藏，白色区域代表显示，灰色区域代表半透明。在图层面板中选择"椭圆 1"图层，绘制选区，将选区填充为黑色到白色的渐变，即可使椭圆图像部分显示部分隐藏，如图 10.4 所示。创建完图层蒙版后，可以使用画笔工具、填充操作、滤镜操作等编辑蒙版的黑、白、灰范围。

图 10.3　创建图层蒙版　　　　　　　　　图 10.4　图层蒙版的应用

值得注意的是，在使用画笔等工具编辑图层蒙版前，需要确保图层蒙版处于被选择状态。由于蒙版工具是非破坏性工具，因此可以将隐藏的图像再次显示，只需将图层蒙版填充为白色即可，也可以直接将图层蒙版删除。

2. 停用图层蒙版

图层蒙版创建并编辑完成后，若要停用该蒙版，可以先选择该蒙版，然后右击，在弹出的快捷菜单中选择"停用图层蒙版"选项即可，如图 10.5 所示。除此以外，还可以使用快捷键停用图层蒙版，先选择图层蒙版，然后按住 Shift 键的同时，单击图层蒙版缩览图即可，再次执行该操作，可以重新启用图层蒙版。

3. 移动与复制图层蒙版

图层蒙版创建并编辑完成后,可以将该蒙版移动到其他图层上。选择该图层,按住鼠标左键的同时,将其拖曳到某　图层上,松开鼠标即可,如图 10.6 所示。

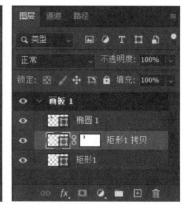

图 10.5　停用图层蒙版　　　　　　　图 10.6　移动图层蒙版

一个图层的图层蒙版还可以复制到另一个图层上。先选择需要复制的图层蒙版,按住 Alt 键的同时,按住鼠标左键并将其拖曳到另一图层上,松开鼠标即可,如图 10.7 所示。

4. 删除图层蒙版

图层蒙版创建后,可以删除该蒙版。先选择需要删除的图层蒙版,然后右击,在弹出的快捷菜单中选择"删除图层蒙版"选项即可,也可以先选择图层蒙版再按 Delete 键进行删除。

图 10.7　复制图层蒙版

10.1.2　剪贴蒙版

在使用 Photoshop 制作图片时,经常需要将一个图像显示在一定形状或区域内,或者在使用调整层调整图像颜色时,只需要调整某一部分图像的颜色。这些操作都需用到剪贴蒙版,本节将详细讲解剪贴蒙版的功能与使用。

1. 剪贴蒙版概述

剪贴蒙版可以使上层图像的内容只显示在下层图像的范围内。剪贴蒙版由两部分组成:内容图层和基底图层。上层图层即是内容图层,下层图层即是基底图层。内容图层可以是多个,基底图层必须与内容图层相邻,具体结构如图 10.8 所示。

从图 10.8 可见,内容图层前有 ↓ 图标,基底图层的名称带有下画线。

2. 创建与释放剪贴蒙版

创建剪贴蒙版的方法有多种,读者熟练掌握一两种方法即

图 10.8　剪贴蒙版结构

可。选择内容图层,将鼠标置于图层名称后方的空白处,右击,

在弹出的快捷菜单中选择"创建剪贴蒙版"选项,即可将内容图层的图像显示在下方图层图像的范围内。除此以外,还可以使用快捷键创建剪贴蒙版,选择内容图层后,按 Ctrl＋Alt＋G 快捷键即可。

除了以上两种方法创建剪贴蒙版外,还可以使用另外一种快捷方法。将光标置于内容图层与基底图层交界处,按住 Alt 键的同时(此时光标变为 图标),单击即可创建剪贴蒙版。创建剪贴蒙版后,上层内容图层的图像只在与下层基底图层重叠的范围显示,内容图层的非重叠部分被隐藏,基底图层的非重叠部分依旧显示,如图 10.9 所示。

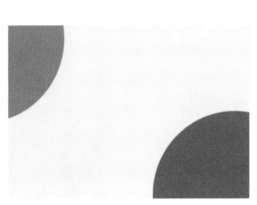

图 10.9　剪贴蒙版

剪贴蒙版可以释放,选择内容图层,将光标置于图层名称后的空白处,右击,在弹出的快捷菜单中选择"释放剪贴蒙版"选项即可。除此以外,还可以按 Ctrl＋Alt＋G 快捷键释放剪贴蒙版。

10.1.3　实操案例：化妆品 banner

蒙版是在实际工作中较为常用的工具,利用图层蒙版可以实现图层图像之间的和谐过渡,本案例利用图层蒙版和其他工具制作具有通透效果的化妆品 banner。

【step1】　新建大小为 750×390 像素、分辨率为 72 像素/英寸、颜色模式为 RGB 颜色、背景内容为白色的画布,勾选"画板"下的复选框,将文件名称设置为"化妆品 banner",如图 10.10 所示。

【step2】　将前景色设置为♯77d7b4,选择空白图层,按 Ctrl＋Delete 快捷键将该图层填充为前景色,如图 10.11 所示。

【step3】　新建一个空白图层,将前景色设置为白色,在工具栏中选择画笔工具,在画笔工具属性栏中,将画笔大小设置为 600 像素,画笔硬度设置为 0。选择新建的空白图层,单击,绘制一个白色高

图 10.10　新建文件

图 10.11　填充背景

光,如图 10.12 所示。

图 10.12　绘制高光

【step4】　打开素材图 10-1.png,将该图像复制到项目文件中,适当调整素材图像的位置和大小,如图 10.13 所示。

图 10.13　复制素材图像

【step5】　复制化妆品图层,按 Ctrl+T 快捷键,右击,在弹出的快捷菜单中选择"垂直翻转"选项使用移动工具将复制的图片移动到原图像的下方,单击图层面板下方的 ▣ 按钮为该复制的化妆品图层添加图层蒙版。在工具栏中选择渐变工具,将渐变颜色设置为黑色到白色的渐变,然后将蒙版填充为黑白渐变,如图 10.14 所示。

图 10.14　绘制倒影

【step6】　打开素材图 10-2.png,将该图像复制到项目文件中,使用自由变换工具适当调整图像的大小,然后使用矩形选框工具适当调整部分素材的位置和大小,如图 10.15所示。

图 10.15　复制素材

【step7】　使用文字工具输入主标题和其他文案内容,如图 10.16 所示。

图 10.16　输入文案

【step8】　打开素材图 10-3.png,将该图片复制到项目文件中,适当调整图片的大小和

蒙版与通道

位置,效果如图 10.17 所示。

图 10.17　效果图

视频讲解

10.2　通道的应用

在 Photoshop 中,通道是一项十分重要的技术,使用通道可以完成许多操作,例如调色、抠图等,使用通道抠图法可以抠取毛发等细微并复杂的图像。本章将详细讲解通道的相关操作。

10.2.1　通道基础

通道存储图像颜色和选区等信息的灰度图像,针对不同颜色模式的图像,其通道数目不同。本节将详细讲解通道的基本特征。

1. 通道面板

默认情况下,通道面板与图层面板共用一窗口,在图层面板所在的窗口可以切换到通道面板。选择通道面板,可以观察通道的具体信息,如图 10.18 所示。如果该面板被隐藏,可以执行"窗口"→"通道"命令调出该面板。在图 10.18 中,图像的颜色模式为 RGB 模式,当改变图像的颜色模式后,通道的信息会相应改变。

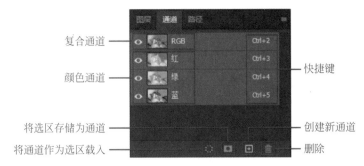

图 10.18　通道面板

将通道作为选区载入 ⬚：单击该按钮,可以将选择的通道中的图像载入选区。

将选区存储为通道 ⬚：单击该按钮,可以将图像中的选区保存到通道中。

创建新通道 ⬚：单击该按钮,可以创建 Alpha 通道。

删除 ：单击该按钮，可以删除选择的通道(复合通道除外)。

快捷键：通道后提示了该通道的快捷键，按相应的快捷键可以选择对应的通道。

2. 通道分类

根据不同的功能，通道可以分为 3 种，包括颜色通道、Alpha 通道和专色通道。接下来详细讲解这几种通道的特点和功能。

1）颜色通道

不同颜色模式的图像，其颜色通道的数量不同。例如，RGB 颜色模式的图像，其通道包括一个复合的 RGB 通道与红通道、绿通道、蓝通道；CMYK 颜色模式的图像，其通道包括一个复合的 CMYK 通道与青色通道、洋红通道、黄色通道和黑色通道；Lab 颜色模式的图像由三个通道组成，它的一个通道是明度，另外两个通道是色彩通道，用 a 和 b 来表示，如图 10.19 所示。

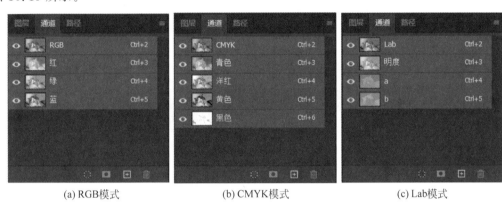

(a) RGB模式   (b) CMYK模式   (c) Lab模式

图 10.19　颜色通道

选择某一个颜色通道，执行"图像"→"调整"命令，在列表中选择一种调色方式，可以调整该通道的颜色，该调色操作会改变图像的整体颜色。

2）Alpha 通道

Alpha(阿尔法)通道是一个 8 位的灰度通道，该通道用 256 级灰度来记录图像中的透明度信息，定义透明、不透明和半透明区域，其中白色代表选择，黑色代表未选择，灰色表示部分被选择。该通道通常用来创建选区，完成复杂的抠图操作，该内容将在后面的内容中详细讲解。

默认情况下，通道中不会自动创建 Alpha 通道，需要手动创建。首先选择通道面板，然后单击面板下方的 按钮，即可创建 Alpha 通道，如图 10.20 所示。

从图 10.20 中可以看出，创建的 Alpha 通道填充为黑色，表明图像都未被选择，可以使用画笔等工具编辑 Alpha 通道，如图 10.21 所示。

3）专色通道

专色印刷(专色油墨)是指一种预先混合好的特定彩色油墨，补充印刷色(CMYK)油墨，如明亮的橙色、绿色、荧光色、金属银色、烫金版、凹凸版、局部光油版等。专色通道是保存专色信息的通道，每个专色只能保存一种专色。除了位图模式外，其他颜色模式的图像都可以创建专色通道。在 Photoshop 中可以将图像保存为 DCS2.0 格式，该格式可以保存专色通道。

图 10.20　创建 Alpha 通道　　　　　图 10.21　编辑 Alpha 通道

与 Alpha 通道一样,专色通道需要手动创建。选择通道面板,在图像中创建需要将图像颜色替换为专色的选区,然后单击面板菜单按钮 ▤,在弹出的列表中选择"新建专色通道"选项,在弹出的对话框中可以设置专色的名称、颜色和密度,如图 10.22 所示。

图 10.22　新建专色通道

单击"颜色"后的色块,可以弹出"拾色器(专色)"对话框,在"拾色器(专色)对话框"中可以设置专色的颜色,也可以单击"拾色器(专色)"对话框中的"颜色库"按钮,然后在"颜色库"对话框中选择专色的颜色,如图 10.23 所示。若需要修改专色的颜色,可以双击通道面板中的专色通道缩览图,从而调出设置面板。

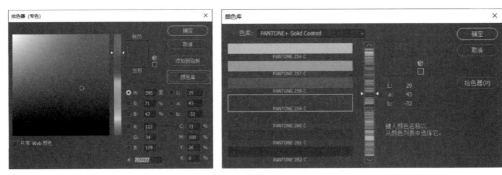

图 10.23　设置专色颜色

10.2.2　通道的基础操作

10.2.1 节介绍了通道的分类,以及 Alpha 通道和专色通道的创建方法。通道创建完成后,可以对现有的通道进行编辑,例如隐藏、删除、合并等,本节将详细讲解通道的基本操作。

1. 显示/隐藏通道

在 Photoshop 中，可以通过控制图层缩览图前的 ◉ 按钮来控制图层的显示与隐藏，同样地，通道也可以通过该方法控制其显示或隐藏的状态，如图 10.24 所示。

2. 复制通道

选择需要复制的通道，单击面板菜单按钮 ☰，在弹出的列表中选择"复制通道"选项，即可复制选择的通道。另外，也可按住鼠标左键并将选择的通道拖动到"新建"按钮 ⊞ 上，松开鼠标即可复制该通道，如图 10.25 所示。

图 10.24　显示/隐藏通道

图 10.25　复制通道

3. 删除通道

对于多余或无用的通道，可以进行删除。选择需要删除的通道，按住鼠标左键并将其拖动到"删除"按钮上，即可将此通道删除，如图 10.26 所示。值得注意的是，当删除的是颜色通道时，复合通道也会被删除。

图 10.26　删除通道

4. 重命名通道

与图层一样，通道（复合通道与颜色通道除外）也可以进行重命名操作。双击通道的名称，即可修改名称，如图 10.27 所示。

5. 设置通道的混合

在 Photoshop 中，可以通过图层的"混合选项"调整通道的混合。打开一个分层的 PSD 文件，选择某一个图层，双击该图层名称后的空白处，可以调出图层样式面板，单击该面板中的"混合选项"，可以在右侧的参数设置中设置相

图 10.27　重命名通道

蒙版与通道

关选项,如图 10.28 所示。

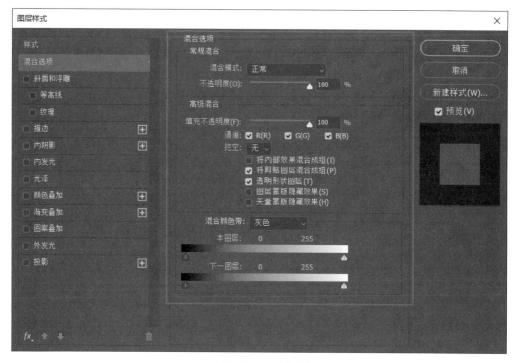

图 10.28　混合选项

在混合选项中,常规混合中的"混合模式"和不透明度与图层面板中的作用相同。

高级混合中的"填充不透明度"与图层面板中的"填充"相同。

在"通道"复选框一栏中,可以取消选择其中的通道,当取消选择其中的某一通道时,在通道面板中,该通道的图像不会在整体图像中显示,如图 10.29 所示。

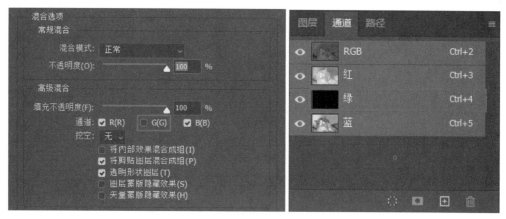

图 10.29　取消选择红通道

在"混合颜色带"中,可以调整上层图层与下层图层的混合,是一种特殊的蒙版,适用于处理明暗反差大的图像,如云彩、烟雾等。

混合颜色带提供了可选的通道,单击其右侧的下拉按钮,即可在下拉列表中选择某一通道。"本图层"下包括暗色和亮色滑块,向右移动暗色滑块可以减少本图层的暗色图像,向左移动亮色滑块可以减少本图层的亮色图像。"下一图层"下也包括暗色和亮色滑块,向右移动暗色滑块可以增加下一图层的暗色图像,向左移动亮色滑块可以增加下一图层的亮色图像,如图 10.30 所示。按住 Alt 键的同时拖动滑块,可以分离滑块。

图 10.30　混合颜色带

在此以一个操作小案例演示混合颜色带的作用。首先打开素材图 10-4. jpg、图 10-5. jpg,如图 10.31 所示。

(a) 图10-4.jpg　　　　　　(b) 图10-5.jpg

图 10.31　打开素材

将图 10-5. jpg 的文件拖入图 10-4. jpg 的文件中,使用自由变换调整图 10-5. jpg 的大小,如图 10.32 所示。

图 10.32　移动图像

双击"图层 1"名称后的空白处,进入图层样式面板,默认选择"混合选项",可以在右侧的设置面板中设置相关参数,如图 10.33 所示。

在混合颜色带中,将"本图层"的暗色滑块向右拖动,使本图层的暗色区域隐藏,如图 10.34 所示。

按住 Alt 键的同时,拖动"本图层"下暗色滑块的右半部分,如图 10.35 所示。

经过上述操作后,云彩部分达到了较好的混合,下部分存有少量多余像素,选择"图层 1",单击图层面板下方的▣按钮,为该图层创建图层蒙版,使用黑色画笔涂抹多余的图像,得到

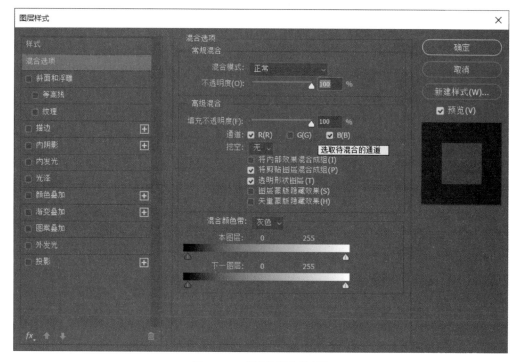

图 10.33　选择"混合选项"

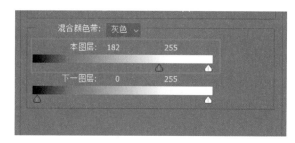

图 10.34　滑动暗色滑块

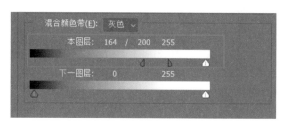

图 10.35　单独拖动一侧暗色滑块

最终效果图,如图 10.36 所示。

10.2.3　通道抠图

在 Photoshop 中,可以使用多种方法达到抠图的效果,例如选框工具、钢笔工具等,针对需要抠取图片的特征,可以选择最合适的工具。在现实工作中,有时需要抠取带有毛发的图

图 10.36 效果图

像,使用钢笔工具或工具栏中的其他选区工具无法准确、高效地实现抠图,使用通道可以精准、高效地完成此类图像的抠图。

在使用通道抠图的过程中,需要结合调色命令(如曲线、色阶)、加深/减淡工具、画笔工具等对通道进行调整和修改,从而抠取最精确的图像。在此以一个操作小案例演示通道抠图的方法。首先打开素材图 10-6.jpg,如图 10.37 所示。

选择背景图层,然后选择通道面板,在通道中选择明暗对比强烈的通道,本例中选择绿通道,将该通道拖动到"新建"按钮 回 上,得到复制的绿通道,如图 10.38 所示。

图 10.37　打开素材

图 10.38　复制通道

选择该复制通道,按 Ctrl+L 快捷键,弹出"色阶"对话框,滑动黑色和白色滑块,使图像中的毛发与其他图像呈较明显的黑白对比,如图 10.39 所示。

使用画笔工具,将小猫和毛毯图像内部的灰色填充为白色,然后将小猫和毛毯图像外部不需要抠取部分的灰色填充为黑色,尾部存在一些灰色图像,在工具栏中选择减淡工具 ,调整笔触大小,然后在尾部的灰色区域涂抹,使灰色区域变成白色,如图 10.40 所示。

按住 Ctrl 键的同时,单击该复制通道的缩览图,将白色区域的图像载入选区,再单击 RGB 通道,回到图层面板,按 Ctrl+J 快捷键即可将选区内的图像抠取出来,如图 10.41(a) 所示。为了观察抠图的效果,新建一个空白图层,并将该图层移动到最底层,填充为黑色,观察小猫图像的边缘毛发的完整度,如图 10.41(b)所示。

第 10 章

蒙版与通道

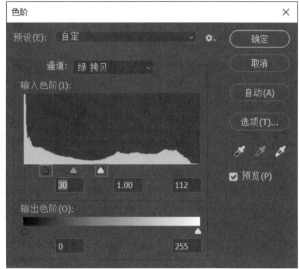

图 10.39　调整色阶

图 10.40　调整颜色

(a) 抠取图像　　　　　　　　　　　(b) 效果图

图 10.41　抠图

第11章 滤镜和自动化操作

本章学习目标

- 学习滤镜的基础知识,掌握常见滤镜的使用。
- 学习动作的创建过程。

在 Photoshop 中,滤镜主要是用来实现图像的各种特殊效果。常见的滤镜包括液化、模糊、渲染等,通过滤镜可以将图像进行特殊效果的处理。在 Photoshop 中,可以通过动作自动执行重复的步骤,从而简化操作。本章将详细讲解各种滤镜的效果和使用方法,详细介绍自动化操作的步骤。

11.1 滤 镜

视频讲解

滤镜在 Photoshop 中具有十分神奇的作用,许多绚丽、富有设计感的图像都是经过滤镜处理而形成的。滤镜的使用十分简单,由于滤镜的种类繁多,读者需要动手实践常用滤镜的效果。

11.1.1 滤镜的基础

在 Photoshop 中,根据滤镜的效果分为多种类型,通过将滤镜转换为智能滤镜可以随时改变滤镜的参数,本节将介绍滤镜的分类和使用方法。

1. 滤镜的分类

Photoshop 中的滤镜位于菜单栏中的"滤镜"菜单中,其中包含 3 个类型的滤镜:内阙滤镜、内置滤镜(也就是 Photoshop 自带的滤镜)和外挂滤镜(也就是第三方滤镜)。由于外挂滤镜是第三方滤镜,因此其需要导入滤镜库后才会显示在 Photoshop 中,默认情况下是不显示的。内阙滤镜和内置滤镜如图 11.1 所示。

内阙滤镜是内阙于 Photoshop 程序内部的滤镜。内置滤镜是指 Photoshop 默认安装时,

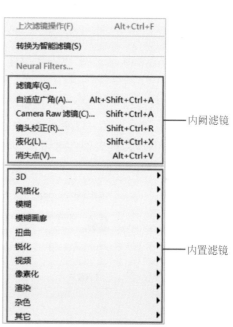

图 11.1 内阙滤镜和内置滤镜

Photoshop 安装程序自动安装到 pluging 目录下的滤镜。外挂滤镜就是除上面两种滤镜以外,由第三方厂商为 Photoshop 所生产的滤镜,它们不仅种类齐全、品种繁多而且功能强大。本书主要介绍内阙滤镜与内置滤镜的使用。

2. 滤镜的使用

选择需要添加滤镜效果的图层,单击菜单栏中的"滤镜"菜单,在下拉列表中选择需要的滤镜,例如"模糊"滤镜,在其子菜单中选择具体的模糊样式,然后在弹出的对话框中设置参数即可,如图 11.2 所示。

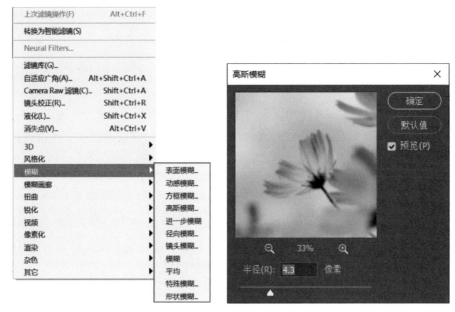

图 11.2　使用滤镜

3. 智能滤镜

在前面的章节中,介绍了智能图层的特性和创建方法,智能对象可以对图层进行非破坏性编辑;同样地,智能滤镜也属于非破坏性滤镜,可以方便地调整各滤镜的参数。

智能滤镜只适用于智能图层,在添加智能滤镜前,需要先将所选图层转换为智能对象,然后执行"滤镜"→"转换为智能滤镜"命令。如果图层不是智能对象,执行"滤镜"→"转换为智能滤镜"命令后,会弹出警告对话框,如图 11.3 所示。在警告对话框中单击"确定"按钮即可将图层转换为智能图层。

图 11.3　警告对话框

转换为智能滤镜后,为该图层添加的滤镜都会成为智能滤镜,如图 11.4 所示,智能滤镜组成一个类似图层样式的列表。在图层面板中双击某个滤镜的名称,可以进入该滤镜的参数设置面板调整相关参数。

　　与图层样式一样,智能滤镜也可以进行隐藏、删除、停用操作,右击滤镜名称后的  按钮,可以在弹出的快捷菜单中选择具体的操作,如图 11.5 所示。

图 11.4　智能滤镜　　　　　　　　　　图 11.5　滤镜操作

11.1.2　内阙滤镜

　　在 Photoshop 中有丰富的滤镜样式,每种滤镜都会使图像产生特殊的效果。通过本节学习,读者可以在掌握滤镜的基本操作的基础上,反复练习各种滤镜的使用场景。

1. 滤镜库

　　选择需要添加滤镜的图层,执行"滤镜"→"滤镜库"命令,然后在弹出的"滤镜库"对话框中选择需要的滤镜样式,设置相关参数即可,如图 11.6 所示。

图 11.6　滤镜库

　　滤镜库集合了多种滤镜效果,在滤镜库中可以为选择图层添加多种滤镜效果,也可以多次应用同一滤镜。值得注意的是,当需要在滤镜库中应用多种滤镜或需多次使用同一滤镜

滤镜和自动化操作

时,首先必须单击"滤镜库"对话框右下方的▣按钮,新建效果图层,然后再选择具体的滤镜样式。滤镜库中创建的滤镜还可以删除,先选择需要删除的图层,单击"滤镜库"对话框右下方的"删除"按钮🗑即可。单击滤镜前的◎按钮,即可隐藏该滤镜效果。

2. 液化

液化滤镜可用于推、拉、旋转、反射、折叠和膨胀图像的任意区域。使用液化滤镜可以使人物图像变得纤瘦,经常用来修饰人物,也可以用来制作绚丽的海报。

打开一张图像,执行"滤镜"→"液化"命令,可以选择具体的液化工具,例如向前变形工具、重建工具、顺时针旋转扭曲工具、褶皱工具、膨胀工具、左推工具等,如图 11.7 所示。

图 11.7　液化

值得注意的是,当使用液化工具时,切忌使用过度,否则会造成图像严重变形。选择液化工具中的某项工具后,可以在右侧设置相关参数,调整完成后,单击右侧的"确定"按钮即可。

3. 镜头校正

镜头校正滤镜用来校正图像角度,可以将扭曲、歪斜的图像进行校正。打开一张图像,执行"滤镜"→"镜头校正"命令,弹出如图 11.8 所示的对话框。

图 11.8　"镜头校正"对话框

在对话框的左上侧选择拉直工具,在图像中沿着花梗的方向拖动鼠标,松开鼠标后即可校正倾斜的图像,如图 11.9 所示。

(a) 原图   (b) 校正后

图 11.9　镜头校正

4. Camera Raw 滤镜

Camera Raw 滤镜实际上是各种调色命令的集合,常用来调整照片的后期色彩。在该对话框中可以灵活运用各种调色工具,例如曲线、HSL 调整、分离色调等,通过调整这些参数,可以使图片的色彩更加漂亮。

打开一张图像,执行“滤镜”→“Camera Raw 滤镜”命令,分析图片的色彩缺陷,然后在对话框右侧选择需要的工具,并调整相应的参数,即可调整图像的色彩,如图 11.10 所示。

图 11.10　Camera Raw 滤镜

11.1.3　内置滤镜

在 Photoshop 中,内置滤镜包括 3D、风格化、模糊、锐化、扭曲、渲染、杂色、其他等多种滤镜组合,每种内置滤镜都包含几种具体的滤镜样式,利用这些滤镜可以完成许多绚丽的效果。本节将详细讲解内置滤镜中常用的滤镜效果。

滤镜和自动化操作

1. 风格化

在风格化滤镜组中有 9 种滤镜,包括查找边缘、等高线、风、浮雕效果、扩散、拼贴、曝光过度、凸出与照亮边缘,下面介绍几种常用的滤镜。

1) 风

风滤镜可以模拟风吹的效果,是一种十分实用的滤镜。打开一张图像,执行"滤镜"→"风格化"→"风"命令,在弹出的对话框中可以设置"方法"和"方向",如图 11.11 所示。

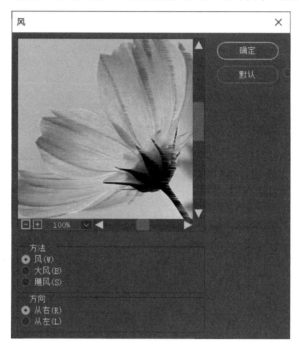

图 11.11　风

2) 浮雕效果

浮雕效果滤镜可以通过勾勒图像的轮廓和降低周围颜色值来生成凹陷或凸起的浮雕效果。打开一张图像,执行"滤镜"→"风格化"→"浮雕效果"命令,在弹出的对话框中可以设置角度、高度、数量,设置完成后单击"确定"按钮即可,如图 11.12 所示。

2. 模糊

在模糊滤镜组中有 11 种滤镜,包括表面模糊、动感模糊、方框模糊、高斯模糊、径向模糊、镜头模糊、模糊、平均、特殊模糊与形状模糊,下面介绍几种常用的模糊滤镜。

1) 动感模糊

动感模糊滤镜可以使图像在某个方向上产生具有动感的效果。打开一张图像,执行"滤镜"→"模糊"→"动感模糊"命令,在弹出的对话框中可以设置角度和距离,距离越大,动感模糊越明显,单击"确定"按钮后,即可为该图像添加动感模糊滤镜,如图 11.13 所示。

2) 高斯模糊

高斯模糊滤镜可以使图像变得模糊且平滑,通常用来降低图像噪声和细节层次,还可以用来磨皮。打开一张图像,选择背景图层,执行"滤镜"→"模糊"→"高斯模糊"命令,在弹出的对话框中可以设置半径,单击"确定"按钮后,即可为该图像添加高斯模糊滤镜,如图 11.14 所示。

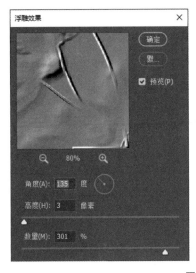

图 11.12　浮雕效果

图 11.13　动感模糊

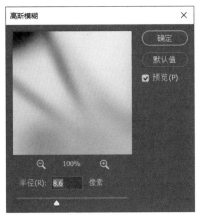

图 11.14　高斯模糊

3）径向模糊

径向模糊滤镜会使图像产生旋转或缩放的模糊效果。在"径向模糊"对话框中，可以设置相关参数,包括数量、模糊方法和品质等,如图 11.15 所示。

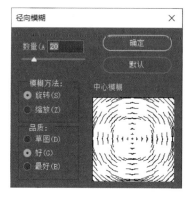

图 11.15   "径向模糊"对话框

数量:用于设置模糊的强度,数值越高,模糊效果越明显。

模糊方法:选择"旋转"方法时,可以使图像产生旋转的模糊效果;选择"缩放"方法时,可以使图像产生反射的模糊效果。

品质:用来设置模糊效果的质量,通常情况下,使用默认的"好"即可。

中心模糊:用来控制模糊中心的位置,可以用鼠标拖动以改变模糊中心的位置。

3. 扭曲

在扭曲滤镜组中有 9 种滤镜,包括波浪、波纹、极坐标、挤压、切变、球面化、水波、旋转扭曲与置换,下面介绍几种常用的扭曲滤镜。

1) 极坐标

极坐标滤镜可以将图像从平面坐标转换为极坐标,或从极坐标转换为平面坐标。打开一张平面坐标的图像,执行"滤镜"→"扭曲"→"极坐标"命令,在弹出的对话框中选择"平面坐标到极坐标"单选按钮,单击"确定"按钮后,即可为该图像添加极坐标滤镜。值得注意的是,使用极坐标滤镜图片的两侧最好是可以联合的,否则执行该滤镜后的图片会产生明显的分割,如图 11.16 所示。

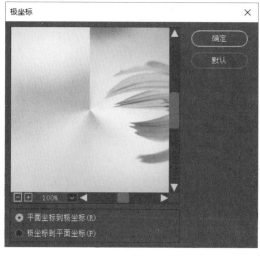

图 11.16   极坐标

2）球面化

球面化滤镜可以使选区内的图像或整个图像转换为球形。打开一张图像，然后使用椭圆选框工具在图像中绘制圆形选框，执行"滤镜"→"扭曲"→"球面化"命令，在弹出的对话框中设置数量和模式，单击"确定"按钮后，即可为选区内的图像添加球面化滤镜，如图11.17所示。

图 11.17 球面化

3）水波

水波滤镜可以使选区内的图像或整个图像产生波纹效果。打开一张图像，然后使用椭圆选框工具在图像上绘制圆形选区，执行"滤镜"→"扭曲"→"水波"命令，在弹出的对话框中设置数量、起伏和样式，单击"确定"按钮后，即可为选区内的图像添加水波滤镜，如图11.18所示。

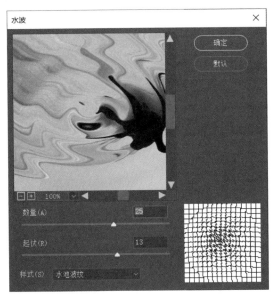

图 11.18 水波

滤镜和自动化操作

4) 旋转扭曲

旋转扭曲滤镜可以顺时针或逆时针旋转图像。打开一张图像,执行"滤镜"→"扭曲"→"旋转扭曲"命令,可以在弹出的对话框中设置角度,数值为正代表顺时针旋转,数值为负代表逆时针旋转,单击"确定"按钮后,即可为该图像添加旋转扭曲滤镜,如图 11.19 所示。

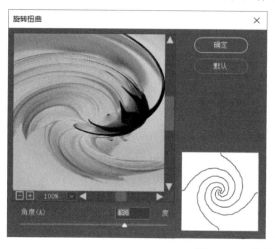

图 11.19 旋转扭曲

4. 锐化

锐化滤镜可以通过增加色彩对比使图像变得清晰,锐化滤镜组中有 6 种滤镜,包括防抖、进一步锐化、锐化、锐化边缘、智能锐化与 USM 锐化。这些锐化滤镜都可以使图像变得相对清晰,各个类型滤镜的执行效果存在细微的差异,在此不再具体介绍每种锐化滤镜的执行效果,读者可以自行试验。

打开一张存在轻微模糊的图像,然后执行"滤镜"→"锐化"→"智能锐化"命令,在弹出的对话框中可以设置相关参数,如图 11.20 所示。

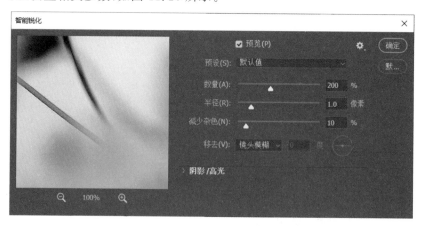

图 11.20 锐化

5. 像素化

像素化滤镜组可以对图像进行多种处理,像素化滤镜组分为 7 种类型,包括彩块化、彩色半调、点状化、晶格化、马赛克、碎片与铜版雕刻,本节将详细讲解常用的滤镜。

1）彩色半调

彩色半调滤镜可以模拟在图像的各个通道上使用放大的半调网屏效果。打开一张图像，执行"滤镜"→"像素化"→"彩色半调"命令，在弹出的对话框中可以设置相关参数，单击"确定"按钮后，即可为该图像添加彩色半调滤镜，如图 11.21 所示。

图 11.21　彩色半调

2）马赛克

马赛克滤镜可以使图片变为由方块组成的模糊图像。打开一张图像，执行"滤镜"→"像素化"→"马赛克"命令，在弹出的对话框中可以设置单元格大小，单击"确定"按钮后，即可为该图像添加马赛克滤镜，如图 11.22 所示。

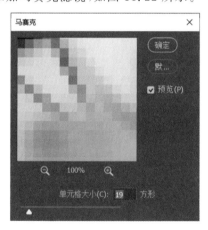

图 11.22　马赛克

6. 渲染

渲染滤镜组包括 8 种滤镜：火焰、图片框、树、分层云彩、光照效果、镜头光晕、纤维与云彩，本节将详细介绍其中常用的滤镜。

1）镜头光晕

镜头光晕滤镜可以为图像添加光晕，打开一张图像，执行"滤镜"→"渲染"→"镜头光晕"命令，在弹出的对话框中可以设置亮度和镜头类型，在预览窗口中可以按住鼠标左键拖动，从而改变光晕的位置和方向，如图 11.23 所示。

2）云彩

云彩滤镜可以根据前景色和背景色生成云彩图案。在使用云彩滤镜前，需要先设置前景色与背景色，然后执行"滤镜"→"渲染"→"云彩"命令，此滤镜没有参数设置对话框，执行

图 11.23　镜头光晕

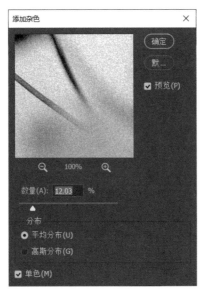

命令后会自动生成随机的云彩效果,如图 11.24 所示。

7. 杂色

杂色滤镜组可以添加或减少图像中的杂色。杂色滤镜组分为 5 种滤镜,包括减少杂色、蒙尘与划痕、去斑、添加杂色与中间值,本节将详细讲解其中添加杂色的使用方法。

打开一张图像,然后执行"滤镜"→"杂色"→"添加杂色"命令,在弹出的对话框中可以设置数量

图 11.24　云彩

和参数,如图 11.25 所示。

图 11.25　添加杂色

8. 其他

其他滤镜组包含 6 种滤镜：高反差保留、位移、自定、最大值、最小值和 HSB/HSL。其中，高反差保留常用来修饰人物头像，本节将详细介绍该种滤镜的使用，对于其他类型的滤镜，读者可以自行试验其效果。

打开一张图像，执行"滤镜"→"其他"→"高反差保留"命令，在弹出的对话框中可以设置半径，其数值越大，保留的原始图像的像素越多，如图 11.26 所示。

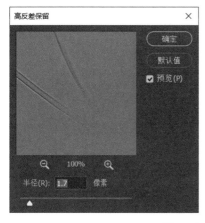

图 11.26　高反差保留

11.2　自动化操作

视频讲解

随着工业的发展，机器在工厂生产中被广泛使用，机器可以根据设定的程序完成重复的操作，从而既减少人力的投入，又提高生产效率。同样地，在 Photoshop 中，可以通过动作自动执行重复的步骤，从而简化操作。

动作可以记录操作的每个步骤，通过在其他文件中执行该动作，可以自动、高效地完成任务处理，从而简化操作，节省图像的制作时间，本节将详细讲解动作的创建步骤和使用方法。

1. 动作面板

在动作面板中可以进行动作的创建和执行，执行"窗口"→"动作"命令，即可打开动作面板，如图 11.27 所示。接下来详细讲解该面板中各部分的功能。

切换项目开/关：如果动作组、动作名称和动作命令前有该图标，代表该动作组、动作名称和动作命令可以执行。

切换对话开/关：如果命令前显示为该图标，代表动作执行到该命令时会暂停，并弹出相应的命令对话框，可以在对话框中修改参数。如果动作组或动作前有该标志，代表该动作中有部分命令设置了暂停。

停止播放/记录：用来停止播放动作和停止记录动作。

开始记录：单击该按钮，即可开始记录动作。

播放选定的动作：单击该按钮，可以执行选择的动作。

创建新组：单击该按钮，可以创建动作组。

滤镜和自动化操作

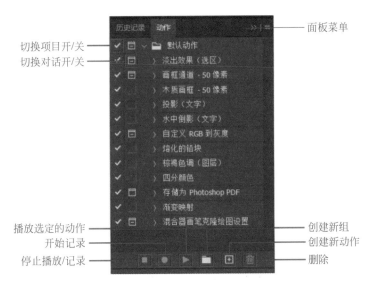

图 11.27　动作面板

创建新动作：单击该按钮，可以创建一个新动作。

删除：单击该按钮，可以删除选择的动作组、动作或动作命令。

面板菜单：单击该按钮，可以进行更多操作。

2. 创建动作

动作可以记录用选框工具、移动工具、多边形工具、套索工具、魔棒工具、裁剪工具、渐变工具、油漆桶工具、文字工具、吸色器工具等执行的操作，也可以记录在历史记录面板、图层面板、通道面板、路径面板、颜色面板、样式面板中执行的操作。

在 Photoshop 中打开素材文件，执行"窗口"→"动作"命令，即可进入动作面板。在动作面板中单击"创建新组"按钮 ■，在弹出的对话框中将新组名称设置为"动作1"，单击"确定"按钮后，即可创建新的动作组，如图 11.28 所示。

选择新建的"动作1"，然后单击面板中的"创建新动作"按钮 ■，在弹出的对话框中设置动作名称为"调整颜色"，功能键默认为"无"，颜色设置为红色(为了便于查找)，如图 11.29 所示。

图 11.28　创建新组

图 11.29　新建动作

单击"开始记录"按钮后，即可开始记录动作，此时"开始记录"按钮变为红色 ●。进行完动作的录制后，需要单击"停止记录"按钮 ■，此时可以在动作面板中显示新建的动作，如

图 11.30 所示。

3. 执行动作

动作创建完成后,可以运用在其他文件中。打开一
个文件,然后执行"窗口"→"动作"命令,在动作面板中选
择新建的动作,单击动作面板中的"播放选定的动作"按
钮▶,即可执行选择的动作。

4. 在动作中插入项目

在使用 Photoshop 录制动作时,有可能会漏掉一个
或多个动作命令,如果重新录制会占用较多时间,此时可
以在录制完成的动作中插入缺少的动作。

图 11.30　显示新建的动作

选择需要插入动作命令处的前一步操作,单击动作面板右上方的面板菜单按钮▤,在弹
出的列表中选择"插入菜单项目"选项,此时弹出"插入菜单项目"对话框,如图 11.31 所示。

图 11.31　"插入菜单项目"对话框

对话框中提示菜单项无选择,在不关闭此对话框的前提下,在菜单栏中选择某一项命
令,如"图像"→"图像旋转"→"顺时针 90 度",此时对话框会显示菜单项为"顺时针 90 度",
如图 11.32 所示。单击"确定"按钮后,即可为该动作组添加动作命令。

图 11.32　选择菜单命令

5. 插入停止

在使用 Photoshop 录制动作时,存在部分动作无法记录的情况,此时可以使用"插入停
止"命令,手动执行这些无法记录的操作。

选择需要插入停止命令处的上一项命令,单击动作
面板右上方的面板菜单按钮▤,在弹出的列表中选择"插
入停止"选项,在弹出的对话框中可以设置信息,勾选"允
许继续"复选框,单击"确定"按钮后,即可插入停止命令,
如图 11.33 所示。

6. 存储/载入动作

动作录制完成后,可以将该动作进行存储,在动作面
板中选择动作组,然后单击该面板右上方的面板菜单按
钮▤,在弹出的列表中选择"存储动作"选项,在弹出的对

图 11.33　插入停止

第
11
章

滤镜和自动化操作

话框中设置动作的名称与位置,如图 11.34 所示,单击"保存"按钮后即可。

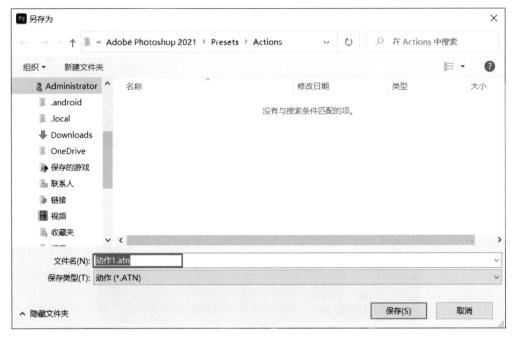

图 11.34　存储动作

在 Photoshop 中,除了可以使用软件默认的动作和创建的动作外,还可以载入动作。通过浏览器在网上搜索所需动作并下载,然后进入 Photoshop,单击动作面板中的面板菜单按钮▤,在弹出的列表中选择"载入动作"选项,选择下载的 ATN 格式的文件,即可将该动作载入软件中。

图书资源支持

感谢您一直以来对清华版图书的支持和爱护。为了配合本书的使用，本书提供配套的资源，有需求的读者请扫描下方的"书圈"微信公众号二维码，在图书专区下载，也可以拨打电话或发送电子邮件咨询。

如果您在使用本书的过程中遇到了什么问题，或者有相关图书出版计划，也请您发邮件告诉我们，以便我们更好地为您服务。

我们的联系方式：

清华大学出版社计算机与信息分社网站：https://www.shuimushuhui.com/

地　　址：北京市海淀区双清路学研大厦 A 座 714

邮　　编：100084

电　　话：010-83470236　010-83470237

客服邮箱：2301891038@qq.com

QQ：2301891038（请写明您的单位和姓名）

资源下载：关注公众号"书圈"下载配套资源。

资源下载、样书申请

书圈

图书案例

清华计算机学堂

观看课程直播